미래의 최고 직업
바이오가 답이다

청소년 진로·직업 가이드

미래의 최고 직업 바이오가 답이다

김은기 지음

전파과학사

생명공학과 4학년 학생 면담 때 일이다. "졸업 후에 뭘 할 건가"라는 질문에 밝던 얼굴이 금세 어두워진다. "제가 하고 싶은 게 뭔지 모르겠어요." 졸업반이 되도록 무얼 하고 싶은지 모르겠다고 하니 그럼 여기 생명공학과는 어떻게 들어왔냐고 물었다. 이 분야가 유망하다고 해서, 부모님이 추천해서, 수능 성적 맞는 데를 고르다 보니 등 대답이 다양하다. "이러저러한 일을 하고 싶어서요"라고 정확히 말하는 학생은 찾아보기 힘들었다. 필자는 대학 강단에서 강의 열정은 합격점이라고 스스로 자부했었다. 하지만 선생으로서 기본 의무인 학생 진로 지도는 낙제점이었다.

이 책은 평생 진로와 직업을 정하려는 청소년, 대학생들에게 바이오 분야를 알려주고자 썼다. 바이오에는 어떤 분야가 있고 어떤 직업이 있는지를 알아야 한다. 그래야 바이오가 내가 하고 싶은 분야인지, 졸업 후에는 어떤 직장에 다닐 수 있는지를 미리 알고 결정할 수 있다.

챕터별 요약

- **1장**: 바이오산업이 지금 어떤 위치에 있는가를 보여준다. 21세기 4차 산업혁명 기술 수혜를 가장 많이 받는 분야는 바이오 분야, 그중에서도 바이오헬스 분야다. 사물인터넷, 빅데이터, 인공지능으로 대표되는 4차 산업혁명이 어떻게 바이오헬스에 적용되는지를 '구글 콘택트렌즈'에 삽입된

당뇨센서로 설명했다. 24시간 모니터링된 당뇨 수치는 AI 의사에게 전달되어 그 결과 몸에 붙인 인슐린 자동펌프가 움직인다. 4차 산업혁명은 때론 섬뜩하기도 하다. 사람 생각을 기계가 읽어낼 수 있을까? 가능하다. 수천 장의 사진을 보면서 그 순간의 두뇌 활동도를 fMRI(기능성자기공명장치)로 찍는다. 이 빅데이터를 기반으로 인공지능을 학습시킨다. 그 사람의 fMRI 데이터를 읽으면 지금 그 사람이 무슨 그림을 보는지, 즉 무슨 생각을 하고 있는지 알게 된다. 복잡한 fMRI 기기 대신 간단한 헤드셋을 머리에 쓸 수 있다. 이제 그 헤드셋만 쓰고 있으면 당신이 무슨 생각을 하고 있는지 기계가 안다. 이런 4차 산업혁명 시대는 모두 한 가지 방향으로 가고 있다. 인간 최종 목표, 바로 건강 장수다. 바이오 분야가 4차 산업혁명 노른자이고 황금 알을 낳는 오리인 이유다.

- **2장**: 바이오산업 분야를 설명한다. 바이오산업은 3가지 색色으로 분류할 수 있다. Red(피)는 보건의료, Green(논, 자연)은 농업 및 환경, White(흰 연기: 무공해산업)는 공정, 정보, 에너지 분야다. 바이오산업에는 기초과학과 응용기술이 있다. 둘의 차이는 '돈'이다. 돈을 써서 지식을 찾는 것이 기초과학이다. 그 지식을 이용해서 돈을 버는 것이 응용기술이다. 기초과학은 산업 밑받침돌이다. 이것 없이는 산업기술이 통째로 흔들린다. 더 이상 진보가 없다. 유전체, 단백질체 등 순수학문은 의료, 환경, 바이오에너지에 모두 필요한 밑돌이다.

보건의료 분야에서는 바이오신약, 특히 항체신약과 면역항암제를 집중적으로 다룬다. 세포에서 만드는 바이오약품은 인슐린이 시작이었다. 인슐린이 오토바이라면 항체신약은 보잉747이다. 항체신약이 신제품이라면 '바이오시밀러Biosimilar'는 복제약이다. 지금 한국은 새로운 항체신약보다 카피 제품인 바이오시밀러에 집중하고 있다. 막 시작하는 한국 바이오기업에게는 위험성이 큰 신약보다 복제약이 위험도가 덜하기 때문이다. 하지만 카피도 만만치 않다. 2장에서는 바이오 신약 중에서도 면역항암제를 깊이 설명했다. 암은 사망 원인 1순위이고 고령화 시대에 증가할 수밖에 없는 '세포반란'이기 때문이다. 둘째 주제는 줄기세포다. 끊긴 척추를 이어주는 세포치료제, 3D 프린터로 만드는 인공장기 기술을 통해서 21세기 불로초인 줄기세포 연구 방향을 설명했다. 더불어 역분화 줄기세포로 만드는 인공난자, 인공정자를 통해 불임 고통에서의 해방과 더불어 윤리 문제를 언급했다. 마지막으로 지구촌을 뒤덮는 에볼라, 사스, 지카 바이러스를 이야기했다. 지금은 바이러스 폭풍 전야다. 왜 늘어나는지, 어떤 대책이 있는지를 살핀다. 내시모기 등 초정밀 유전자가위 기술로 바이러스를 잡을 수 있을지 생각해본다. 슈퍼내성균은 발등의 불이다. 항생제를 어떻게 만들어야 내성균이 생기지 않을까? 페니실린으로 노벨상을 받은 플레밍이 수상식 자리에서 예측한 대로 신규 항생제를 분해하는 내성균은 이미 땅속에 처음부터 있었다. 이놈들을 끌어내서 인간 몸속에 집어넣은 건 항생제를 쓰는, 바로 지구촌 사람들이다. 보건의료분야 속 다양한 주제를 다루는 대학전공은 실로 다양하다. 현재 어느 대학, 어떤 전공학과들이 어떻게 이 분야를 연구하는지 소개했다.

농림 및 환경 분야는 범위가 넓다. 농업, 축산, 식품을 포함했다. 식량은 국가안보다. 21세기 식량은 GM 작물이 주류다. 작물 개량에 사용되는 바이오기술, 특히 작물 자체 내 유전자를 염기ATGC 단위까지 정확하게 바꿀 수 있는 '초정밀 유전자가위 기술CRISPR/cas9'을 이용해서 작물 개량이 이루어지고 있다. 축산 분야에서는 가축 개량 기술이 중심이다. 인간에게 적용되던 인공수정 기술을 넘어 GM 가축을 이용한 유용물질 생산 기술을 설명한다. 식품은 요즘 '먹방'이 TV 단골이고 기능성식품 연구가 핵심이다. 환경 분야(수질, 토양 정화)에 사용되는 바이오기술이 가장 친환경적인 기술인 점을 강조한다. 해양은 알려지지 않은 바이오물질 보물 창고다. 이런 다양한 Green산업 분야에 농대, 공대, 이과대학 바이오 학과들이 어떻게 연관되었는지를 설명했다.

바이오공정, 에너지는 White, 즉 흰 연기로 상징된다. 검은 연기로 표현되던 굴뚝 산업들이 이제는 청정공정으로 바뀌고 그 가운데에는 바이오기술이 있다는 의미다. 즉 화학합성보다는 바이오촉매(세포, 효소)를 이용한 친환경공정으로 전환하는 녹색기술을 말한다. 땅속 원유를 더 이상 쓰지 않고 식물 유래 연료로 전환하는 바이오에너지를 포함한 분야가 White 분야다.

BT Biotechnology와 ICT Information and Communication Tech(정보통신기술)가 합쳐진 바이오정보 분야Bioinformatics가 바이오산업을 이끄는 기초기술이다. 직접 세포를 다루는 기초 분야는 아니지만 수학과 공학이 접목된 바이오정보기술은 인간 게놈 프로젝트로부터 시작되었다. 15년에 걸친 이 프로젝트는 2003년 30억 개 인간 유전자 순서를 밝혔다. 이후 세상이 변했다. 유전자 정보를 알면 그 사람이 언제 무슨 병에 걸릴지, 알코올 중독이 될지, 아이는 언제쯤 낳을지도 예측 가능하다. 수천만 사람들의 DNA 정보와 그 사람들의 특성을 연관 지어 비교분석하면 미래 건강 예측이 가능하다. 이제는 거대산업이 되었다. 구글이 눈독을 들여 시작한 사업이다. 면봉으로 입천장을 긁어 20만 원과 함께 보내면 면봉에 붙어있는 세포 DNA 분석을 통해 250가지 유전자 검사를 해준다. 피 한 방울이면 범인 몽타주를 만든다. 이러한 DNA 정보가 한 단계 업그레이드되었다. DNA 염기ATGC 순서가 아니고 DNA에 달라붙은 '꼬리표' 정보로 바뀌는 중이다. 꼬리표는 살아온 환경에 따라 달라진다. 이른바 '후성유전'이다. 이런 DNA 정보가 쌓이고 인공지능이 더 고도화되면 AI 의사가 진단을 한다. 현재도 대학병원에서 AI 의사가 실제로 진료를 한다.

White 분야에서 공학 부분 역할이 큰 분야는 바이오헬스 분야다. BT+ICT+NT, 즉 바이오, 정보통신, 나노기술이 접목된 분야다. 4차 산업 노른자다.

바이오센서가 인간을 24시간 모니터링하면 인공지능은 이 정보를 분석하여 진단을 내리고 그에 맞는 의료 행위를 하도록 한다. 후각바이오센서 예를 통해 어떤 미래가 가능할지 설명했다. 두뇌와 기계 연결을 통해 인간 뇌를 읽고 기억을 심는 방법은 이제 더 이상 공상과학 영화 내용이 아니다. 인간을 기계로 업그레이드하는 인간증강 기술은 인간 능력을 어디까지 높일까? 뇌과학은 어디까지 가있는가를 뉴런 지도인 '커넥톰Connectome'으로 보여준다.

합성생물학은 바이오기술 종합 세트다. 바이오정보를 통해 바이오회로를 알아내고 DNA 합성을 통해 회로를 만든다. 바이오회로를 집적시켜 새로운 세포, 없었던 미생물을 만든다. 4차 산업 핵심 기술인 합성생물학이 무슨 일을 할 수 있는가를 소개한다. 바이오공정 분야 중요 기술 중 하나는 바이오에너지다. 21세기에는 석유 중심 에너지를 탈피해야 한다. 원유가 바닥이기 때문이고 석유를 태워 나오는 이산화탄소가 지구온난화 주범이기 때문이다. 해답은 간단하다. 태양이다. 태양열 전기패널처럼 태양에너지로 바이오물질을 직접 만들면 된다. 인공광합성을 통해 태양 패널에서 녹말을 만들면 된다. 지구에서 공짜로 생산되는 나무, 풀 등 바이오매스biomass에서 알코올을 만들어 차를 굴리면 된다. 바이오매스는 바이오에너지(에탄올) 원료이지만 또한 바이오플라스틱 원료가 되기도 한다. 합성생물학으로 생분해성 플라스틱을 만드는 바이오공정 기술을 추가로 설명했다.

• **3장**: 국내 상위권 45개 대학 내 265개 바이오 관련 학과를 파헤친다. 어떤 대학에 어떤 바이오 학과가 있을까? 입학 요강만 보면 간단히 알 수 있는 문제가 아니다. 생명공학과, 생명과학과, 바이오헬스전공, 바이오메디컬학과는 서로 무엇이 다른가? 기초인가, 응용 중심 학과인가? 거길 나오면 무얼 할 수 있는가? 내가 하고 싶은 분야가 사고로 끊어진 척추를 이어주는 줄기세포치료라면 의대, 약대를 가야 하나? 아니면 공대, 자연대, 어디를 가야 하나? 이러한 대학 학과 선택에 대한 답을 줄 수 있다. 기초와 응용 중 한쪽만 알면 되는지, 그 학과는 기초인지, 응용 중심인지, 바이오 분야는 기초와 응용이 물과 기름처럼 완전하게 분리되는지를 설명했다. 이어서 단과대학별 특성을 설명했다. 의대는 치료하고 약대는 약을 만든다. 간단한 말이지만 그렇게 단과대학별로 특성이 있다는 말이다. 학과를 택하려면 그 단과대학이, 그 학과가 무엇을 가르치는지 알아야 한다. 같은 분야, 예를 들면 노화 분야를 연구하고 싶다고 해도 각 단과대학은

서로 다른 분야 노화연구를 한다.

가장 중점을 둔 것이 있다. 각 대학 바이오 관련 학과 특성을 분석했다. 즉 학과 구성원인 교수의 전공이 무엇인가를 알면 내가 무엇을 배우는지, 졸업 후 진로가 어떻게 될 수 있는지를 미리 알 수 있다. 대학 단과대학별로 다양한 이름을 가진 45개 대학 265개 바이오 관련 학과를 특성별로 분류했다. 즉 기초인가 응용인가 아니면 혼합형인가, 보건의료인가 농림환경인가 아니면 공정 분야인가를 최대한 자세히 분류했다. 이 분류에서는 각 교수 연구 분야를 홈페이지 정보에서 판단했다. 물론 교수는 바뀔 수 있지만 그 학과의 큰 흐름은 금방 변하지 않는다.

바이오 학과가 있는 45개 대학을 나열하는 기준은 2개를 사용했다. 중앙일보 대학평가와 '라이덴 평가'다. 중앙일보 평가는 종합대학 대상이다. 라이덴 평가는 바이오헬스 분야 논문 인용도를 평가한다. 각 대학 중앙일보 순위는 라이덴 평가 대학 순위와 대부분 일치한다. 그럼에도 라이덴 평가를 추가한 이유는 두 가지다. 첫째, 중앙일보 평가 대상이 아닌 이공계 중심 대학(KAIST, 포항공대 등)을 포함하기 위해서다. 둘째, 바이오가 상대적으로 우수한 대학(중앙일보 30위권 밖에서)을 추가시켜야 했다. 이 두 방법이 완벽하지는 않을 것이다. 하지만 학과 수준이 대학 수준과 크게 다르지 않다는 상식에서 중앙일보 3년 평균 순위로 33개 대학을 선정했고 라이덴 평가로 12개 대학을 추가했다. 45개 대학 이외에도 바이오 학과가 개설되어있고 능력 있는 교수진이 있는 곳이 많이 있다. 지면 여건상 다 수록하지 못함이 아쉽다.

• **4장**: 바이오 직업 선택하기다. 대졸 취업이 모든 국민의 관심사항이다. 바이오 산업체는 석사 출신 비율이 높다. 바이오는 화학, 전자, 조선, 기계 분야처럼 대규모로 생산하는 경우보다는 고가 소량 제품을 만드는 기술 집약형이다. 그래서 다른 분야에 비해 석사취업이 많다. 상위권 대학일수록 대학원 진학률이 높은 현상은 모든 전공에 해당된다. 하지만 바이오 분야가 특히 높다. 대학알리미 사이트에서는 대학 공시 취업률과 진학률을 볼 수 있다. 이 책에서는 3년간(2016~2018) 평균 취업률과 대학원 진학률을 대학 순위별로 그래프로 그렸다.

대학 순위에 따라 학사취업과 대학원 진학 비율이 어떻게 변하는지 조사했다. 그 결과 학사취업은 비슷했지만 대학원 진학률은 상위권일수록 높았다. 같은 바이오 학과라도 단과대학별로 취업하는 산업체 종류가 천차만별이다. 이과대학, 공과대학, 농과대학 바이오 학과 졸업생의 취업 산업체, 기관을 비교해서 그 경향을 알 수 있도록 했다.

바이오 직업은 어떤 것이 있을까? 산업체 근무와 전문직(공공 연구소, 변리사, 교수)으로 구분해서 각 직업이 하는 일을 업무 중심으로 소개했다. 산업체는 다시 연구소, 생산 부서, 관리영업 파트로 나누었다. 산업체에서도 학사, 석사 출신이 하는 일이 달라질 수 있다는 점을 추가했다. 바이오 분야에서 창업을 할 경우 장단점과 주의 사항을 통해 실제 기업이 돌아가는 감각을 미리 알도록 했다. 전문직의 경우 어떤 경로로 취업을 하는지, 실제 하는 일은 무엇인지를 공공연구기관, 변리사, 대학교수 중심으로 설명했다.

바이오산업체 현황은 국내 바이오기업을 중심으로 규모, 학력, 분야를 분석했다. 사업장 위치는 취업 첫 번째 고려 사항이다. 여성 인력 비율은 어떻게 변하는지, 공공연구기관은 어떤 것이 있는지를 포함시켰다. 국내 산업체는 수시로 변한다. 바이오 분야는 제약, 식품, 환경, 화장품, 건강정보 등 다양한 형태의 산업체가 있다.

- **5장**: 바이오 분야 진로 준비하기다. 청소년들에게 직업, 진로를 결정하는 방법을 알려주고자 했다. 이 책은 바이오 분야에 집중해있지만 진로를 결정하는 방법은 타 분야와 유사하다. 우선 뭘 하고 싶은지를 알기 위한 방법 2개를 소개했다. 필자가 30년 동안 대학에서 학생들과 진로 면담을 하면서 경험한 내용을 바탕으로 했다. 중고생들은 어떻게 미래 진로를 준비하면 좋을까, 만일 바이오를 미래 직업으로 하고 싶다면 중, 고등학교에서 무슨 활동을 하면 좋을까를 이야기했다. 마지막으로 유학에 대한 여러 가지 경우의 수를 비교했다. 군대를 가야 하는지, 유학을 가야 하는지, 국내 박사도 괜찮은지 등 전문직을 생각하는 경우 다양한 선택에 대해 설명했다.

바이오가 나에게 맞는 분야인가

이 책을 쓴 이유는 간단하다. 무슨 전공을 할까가 어느 대학에 가느냐보다 중요하기 때문이다. 하고 싶은 일이 바이오라면, 바이오에는 어떤 분야가 있고, 그 대학에서는 무얼 배울 수 있고, 그 학과를 졸업하면 어떤 산업체에 갈 수 있는지는 최소한 알고 가야 하지 않겠는가. 물론 모든 일이 내가 원했던 대로 되는 건 아니다. 하지만 내 꿈이 무엇인가를 늘 생각한다면 그 꿈에 최대한 가까운 방향으로 사람은 가게 되어있다.

바이오는 그런 의미에서 도전해볼 만한 분야다. 모든 학문은 사람이 중심이지만 바이오는 그 어느 학문보다도 인간이 중심이다. 바이오 학문에 대한 접근 방법 또한 다양해서 공대, 농대, 이과대, 약대, 의대에서 각기 달리 접근할 수 있다. 바이오 분야는 또한 인문학적인 요소가 많다. 단순한 이공계 지식 이외에도 인간이 어떻게 진화해 왔으며 지금 어떻게 변화해가고 있는지를 생각해볼 수 있는 영역이다. 과학의 힘으로 인간 능력이 늘어나는 사이보그, 거기에 인공지능까지 더해지면 '전능하신 인간님'이 될 수 있다. 윤리, 신학 부분까지 다양한 분야 접목이 가능하다.

한마디로 할 일이 많은 '핫Hot 한' 분야라는 이야기다.

최근 바이오 발전 속도는 놀랍다. 인간 자존심이자 불가사의한 신비로만 알려졌던 두뇌도 하나하나 베일이 벗겨지고 있다. 단순히 두뇌를 아는 것만이 아니라 구석구석 건드리고 있다. 예를 들면 간질 환자는 뇌세포 사이 신호가 제멋대로 튀어 다닌다. 그래서 발작을 한다. 이를 뇌 전극으로 치료하기도 한다. 전극 데이터를 분석해서 기억력을 높이는 방법도 미국 뇌신경과학협회지에 발표되었다.

어떤 사람이 기억을 가장 잘할 때, 전극 데이터를 모은 후 그 데이터를 뇌에 반복 주입한다. 어떻게 될까? 단기 기억력이 15% 좋아진다. 덕분에 치매 환자 치료에 한 발 다가섰다. 더불어 고등학생 기말고사 점수를 15점 올릴 수도 있다.

이렇듯 가장 어렵다는 두뇌가 과학으로 해부되고 조정된다. 바이오는 인간 질병을 고치고 능력을 극대화하려는 방향으로 간다. 소위 '트랜스휴머니즘trans-humanism'이다. 반면 지구는 몸살이다. 빙하가 녹는 것부터 시작해서 이제 마시는 수돗물, 맥주에도 미세플라스틱이 들어있다. 지구 미래

트렌드는 건강 장수와 청정 지구다. 이 두 가지를 바이오테크놀로지가 해결할 수 있다. 바이오는 그런 의미에서 황금 알을 낳는 오리다. 바이오 항체신약 하나가 국내 소나타 연 매출에 맞먹는다. 바이오가 잘나간다는 이야기다.

"바이오가 잘나가는 분야이고 미래가 유망하니 이 분야에 한번 올인해봐라." 이 책이 그렇게 이야기할 거라고 기대했다면 실망할 것이다. 그렇게 쓰지는 않았다. 대신 "바이오가 이런 분야이니 체질에 맞는가 점검해보라"고 했다. 바이오는 핫 분야다. 이것은 팩트다. 반면 불과 40년 전인 1980년에 바이오는 비인기 전공이었다. 당시에는 화학공학이 잘나갔다. 80년대 필자 고교 졸업생 중 상위권 100명은 모두 공대로 갔다. 왜 갔을까? 본인들이 공대가 체질이라고 생각해서 갔을까. 아니다. 부모들이 공대가 잘나간다고 했기 때문이다. 즉 공대 화공과, 기계과를 졸업하고 정유회사만 들어가면 월급도 빵빵하고 미래도 보장된다고 했기 때문이다. 하지만 잘나간다던 공대도 IMF로 산업체가 직격탄을 맞자 명퇴자가 속출했다. 그러자 공부 좀 한다면 모조리 의대로 몰려간다. 먹고사는 일이 중요한 건 사실이다. 그러나 한 번 사는 인생인데 적어도 적성에는 맞는 일을 해야 할 것 아닌가. 하고 싶지 않은 일을 평생 하면서 살 수는 없다. 직업 선택이 인생의 가장 중요한 선택인 이유다. 그렇다면 바이오는 나에게 맞는 분야인가. 어떤 일들을 하고 어떤 가능성이 보이는 곳인가.

이 책은 바이오를 미래 직업으로 잡고 싶은 청소년들에게 바이오 현황을 알려준다. 현실적으로 대학 학과 선정이 중요하다. 어떤 대학에 어떤 과가 있고 그 과 교수들은 어떤 분야를 전공하는가를 대략이라도 알려주고 싶었다. 그래서 어떤 과가 Red(보건의료), Green(농림, 식품), White(공정, 에너지) 분야인지를 알려주어야 했다. 기초과학이 본인 체질인지, 응용기술을 좋아하는지를 미리 알아보라는 의미였다. 바이오 학과에서는 4년 동안 무엇을 공부하고, 졸업하면 어떤 분야로 취업하는지, 대학원을 가야 하는지도 설명했다. 최근 바이오 분야 취업 데이터를 그래프로 알렸다. 잘 나간다는 바이오 분야가 학사취업률이 왜 다른 전공보다 낮은지도 설명했다. 다른 전공보다 석사 진학률이 높은 이유, 석사 졸업 후 하는 일들을 최대한 자세히 소개했다. 학사취업률은 다른 전공보다 10% 정도 낮다. 반면 대학원 진학률은 20% 높다. 바이오 전공 석사 출신들은 대부분 취업한다. 결국 학사, 석사취업률을 더하면 바이오는 다른 전공보다 취업률이 낮지 않다. 기계, 화공, 전기 분야처럼 바이오 분야에도 대규모 공장들이 들어서면 학사취업 비중이 늘어날 것이다. 하지만 바이오는 대규모 생산보다는 소규모, 고가 생산품 형태 산업이다. 앞으로 석사 비중이 더 높아질 거라는 이야기다. 이공계는 상위권일수록 대학원 진학이 많다. 하지만 국내 10위권 이공계 진학률(30~40%)은 일본 이공계 진학률(80~90%)에 한참 못 미친다. 인문계보다는 석사급 인력이 더 필요한 분야가 이공계 산업이고 바이오도 그런 의미에서 석사 진학이 더 많아져야 한다는 의미다.

학사취업률은 요즘 같은 취업 불황 시대에 초미의 관심사다. 조금이라도 취업률이 높은 학과에 관심이 가는 것은 당연하다. 대학 학과별 학사취업률 데이터를 실으면 도움이 될듯하다. 하지만 특정 대학 학과별보다는 유사 랭킹 3-4개 대학 학과를 모아서 평균 취업률을 실었다. 이유는 이렇다. 바이오 학과를 고를 때에는 그 학과 취업률보다는 학과 전공을 먼저 보아야 한다. 바이오 학과 간 취업률 차이 1~2%는 크지 않다. 하지만 전공 분야 차이는 많이 날 수 있다.

전공 분야를 취업률보다 우선시하자는 이야기다. 그래도 그 학과 취업률이 궁금하면 대학알리미 사이트를 클릭해라.

바이오 대학생들도 진로를 못 잡고 있다

이 책에 매달린 이유는 사실 따로 있었다. 대학교 면담 때마다 학생들이 질문하는 내용에 뭔가 구체적인 대안을 주고 싶었다. 우선 내가 잘하는 게 무언지, 하고 싶은 게 무언지를 찾아보자고 했다. 대학생도 성인들이라 그 정도는 알고 있으리라 생각했다. 하지만 상상외로 대학생들은 본인들 적성, 진로에 깜깜했다. 아니, 생각해본 적이 없었던 것 같았다.

최근 젊은 세대들의 고유한 특징인가? 그러나 돌이켜보면 필자 대학 시절도 지금 학생들과 크게 다르지 않았다.

필자도 졸업반이 되도록 진로를 정하지 못했다. 수업 듣기 벅찼고 동아리 활동에 바빴고 아르바이트, 과외에 정신없었다. 그렇게 군대를 다녀왔고 그렇게 회사에 취업했다. 회사는 지낼만했다. 하지만 맹숭맹숭했다. 그냥 다니니까 다닐 뿐 흥이 나지 않았다. 대학원 생각이 났다. 갈까, 말까? 이를 결정해준 사람은 공교롭게도 자주 가던 포장마차 아주머니였다.

"아직 젊잖아. 하고 싶은 거 해야지."

진로에 대한 첫 면담을 포장마차 주인 아줌마가 해준 셈이다.

중학교 시절은 뭐가 뭔지 몰랐고 고등학교 때는 종일 수학 문제 푸느라 뭘 할까 생각해보지 않았다. 하지만 이과, 문과를 나누고 대학 학과를 정하면 그 사람 진로의 반은 정해진다. 대학 전공이 중요한 이유다. 이 책은 전공을 정할 때 바이오 분야가 좋다고 이야기하지는 않는다. 바이오 분야가 어떤지 알려주는 책이다.

다만 포장마차 주인처럼 진로를 정하는 데 도움을 주고 싶을 뿐이다.

책 제목을 정하는 데 많은 고민이 있었다. 생명공학, 생물공학, 유전공학, 바이오테크놀로지 등 다양한 이름이 있다. 그런데 이 책은 직업, 진로 선택 지침서다. 그렇다면 기술 위주보다는 기술로 인해 생겨난 직업, 진로, 산업체 정보가 더 필요하다. 생명공학이란 단어는 생명현상을 다루는 기술이란 의미다. 하지만 환경, 에너지, 바이오센서, 지구온난화 등을 포함한 광범위한 바이오 분야에는 '생명공학'이란 단어보다는 '바이오'가 오히려 더 잘 어울리는 단어다.

이 책으로 바이오 분야 진로, 직업을 '간단하게' 설명하려던 필자의 최초 의도는 많은 벽에 부딪쳤다. 우선 바이오 학과가 다양해지고 변화 중이다. 어느 대학은 기존 학과를 통폐합하면서 새로운 바이오 학부로, 신규 바이오 학과로 한꺼번에 열 명이 넘는 교수를 충원했다. 생명과학 분야만이 아니고 재료, 기계, 전자 전공에 바이오재료, 바이오기계, 바이오전자를 전공한 교수를 뽑기도 했다. 기존 비非바이오 학과에 바이오 전공 교수가 들어간 셈이다. 이런 호황 덕분에 매번 다시 업데이트를 해야 했다.

학과 이름 변화, 전공 교수진 증가, 이런 학문적인 것 외에 변화가 심한 것은 취업과 진학, 그리고 산업체 현황이다. 취업률이 증가했고 무엇보다 산업체가 늘어난 것은 바이오산업이 활발하게 일어남을 보여준다. 졸업생들 취업이 걱정스러운 선생 입장에서는 산업체가 늘어난다는 것만큼 반가운 게 없다. 30년 전 처음 대학에서 분필을 잡으면서 유전공학이 앞으로 중요한 분야가 될 것이라고 학생들에게 이야기했던 게 새삼스럽다. 전망이 좋아서 바이오 분야에 학생들이 많이 왔지만 막상 산업체는 그리 쉽게 늘지 않았다. 기존 제약업체도 바이오 분야를 쉽게 늘리지는 못했다.

그런데 최근 몇 년 사이 바이오산업 주가가 오르기 시작했다. 그러고 보니 생각난다. "학문이 먼저 치고 나가면 기술, 산업이 뒤따라온다. 그 시간 차이는 20년이다"라는 어느 경제 전문가 말이 맞다. 필자도 직접 경험했다.

70년대는 화학공학과가 최고 인기였다. 정유산업이 잘나가고 있었기 때문이다. 그런데 70년대 후반부터 생소한 이름의 학과에 학생들이 몰리기 시작했다. 전자공학과였다. IT 학과다. 20년이 지난 90년대는 IT산업이 최고조에 이른 시점이다. 학문 뒤에 산업이 따라옴을 보여준 셈이다. 이제 IT를 넘어 BT가 뒤를 이어받았다.

BT 분야 학문이 하루가 다르게 발전하고 있다. 이제 그 학문 뒤를 따라 BT산업이 커지고 있다. BT산업이 바로 황금 알 낳는 오리다.

책은 홀로 나오지 않는다. 연구원 가영, 혜리, 도은이가 데이터 정리에 시간을 쏟았다. 종이로 된 과학책이 천연기념물이 될 거라는 출판계의 어려운 환경에도 매번 책을 출간해준 전파과학사 손동민 대표에게 감사한다. 무엇보다 변변찮은 글쓰기에 엄지손가락을 치켜 주는 가족들이 언제나 든든한 버팀목이다.

2019년 1월 19일

김은기

추천사

이 책은 독특하다. 전공 분야 소개 서적처럼 딱딱하지 않다. 쉽게 읽힌다. 미래에 어떤 분야를 전공해야 할지 고민하는 청소년들에게 바이오 분야를 제대로 알려준다. '바이오는 황금 알을 낳는 오리'라고 흔히들 말한다. 하지만 왜 그렇게 생각하는지를 재차 물으면 대답을 못 한다. 이 책은 왜 구글이 바이오헬스에 올인 하는지를 이세돌 바둑 이야기로 설명한다. 4차 산업 핵심이 왜 건강 장수인지, 내 팔에 차고 있는 헬스밴드가 무슨 일을 벌이는지도 쉽게 알려준다.

이 책에서는 바이오를 3가지 색깔로 구분해서 일반인이 금방 이해하게 만들었다. 무엇보다 바이오 과학이 서로 어떻게 협동하며 기술을 상용화하는지, 내가 대학에서 무슨 전공을 하면 바이오산업에서 어떤 일을 할 수 있는지를 잘 설명했다. 바이오정보라는 거대한 분야를 '범인 몽타주를 만드는 일화'로 한입에 들어오게 만드는 서술 능력은 신문 칼럼, 도서 편찬 등에 힘을 쏟는 저자 열정으로 가능한 일이다.

이 책의 노른자는 45개 대학, 265개 바이오 학과를 분석한 점이다. 대학 진학 시 수능 성적에 따라 대학, 학과를 선택한다. 내가 가려는 학과에서 어떤 교수들이 어떤 연구를 하는지는 보지도 않는다. 봐도 잘 모른다. 대학들도 학생 유치에 정신이 없다. 온갖 미사여구가 동원되어서 그 학과의 정확한 통계를 보기도 힘들다. 저자는 바이오 전공 교수다. 그는 내부자다. 내부자가 보는 눈은 정확하다. 외부인이 못 보는 면도 보여준다. 바이오 전공을 하려는 고등학생들에게 각 학과가 어떤 특성이 있는지를 객관적으로 분석, 제공했다. 그 학과가 기초과학형인지 응용기술형인지 또는 혼합형인지를 알려준다. 무엇보다 교수 전공 키워드를 사용해서 그 바이오 학과에서 무슨 내용을 배울지를 미리 알게 했다. 대학 내에는 바이오 학과가 아닌 화학과, 화공학과에도 바이오 전공 교수가 있음을 알려주었다. 학교에 있는 사람만이 아는 내용이다.

바이오를 전공하려는 청소년들에게 꿈을 심어주는 것도 중요하지만 현실을 알리는 것은 더욱 중요하다. 이 책은 대학 졸업 후 어떤 곳에 취업을 하는가를 낱낱이 보여준다. 바이오 분야가 타 산업보다 취업률이 낮은 데이터도 정확하게 공개하고 왜 낮게 보이는지도 알려준다. 바이오 학과 석사 진학률을 대학 전체 석사 진학률, 단과대학 석사 진학률과 비교한 데이터는 바이오 학과의 현재 위치를 정확히 알려준다.

산업체 관련 정보는 어떤 학위 출신들이 어떤 분야에 근무하는가를 알려주었다. 저자는 산업체 근무 경력이 있어 산업체와 대학을 모두 잘 안다. 그래서 바이오 전공자가 되려는 사람들에게 실질 정보를 줄 수 있다.

이 책은 바이오를 평생 직업으로 하려는 청소년들에게 중요한 이야기를 한다. '먼저 네 꿈을 찾으라'고 말하는 저자 이야기는 흔히 듣는 이야기가 아니다. 교육자로서 느낀 어려움이 가슴에 와닿는다. 더불어 저자 경험에서 나온 이야기들인지라 고개가 끄덕여진다.

4차 산업혁명 시대에는 모든 것이 정보로 바뀌며, 이 정보를 축적하여 미래를 예측한다. 40억 년 동안 진화해온 생물체 정보와 수십만 년간 형성된 인류 DNA 정보가 미래 사회를 혁명적으로 바꿀 것이다. 바이오는 인류 미래다.

이 책은 미래 준비 청소년들에게는 진로를, 취업 준비 대학생들에게는 정보를, 장래 준비 일반인들에게는 바이오의 미래를 알려줄 것이다.

한국바이오협회 회장 서정선

차례

제2장 바이오 분야는 기초와 응용으로 분리된다

제3장 대학 전공: 평생 진로 선택 첫 단계

제4장 바이오 직업 선택하기

제5장 바이오 진로 준비하기

PART 01

바이오산업:
4차 산업혁명 노른자

01

인공지능 시대 개막

알파고는 바둑 승리가 목적이었을까

2016년 전 국민 시선이 TV에 쏠렸다. 바둑 두는 사람은 말할 것도 없고 문외한도 결과에 촉각을 세웠다. 대한민국 바둑 자존심 이세돌 9단과 인공지능이 겨룬다. 이세돌이 누구인가? '이 세상을 돌로 제패하라'고 지었다는 이름답게 그는 바둑 최고봉이다. 그 집안 바둑 단수를 합치면 36단이다. 19줄 사각형 바둑판에서는 치열한 두뇌 게임이 펼쳐진다. 생길 수 있는 경우의 수는 실로 무한하다. 어떻게 진을 구축하고 어디로 적을 몰아야 할지 매 순간순간 두뇌가 돌아가는 소리가 들릴 정도다. 인간 두뇌 결정체인 바둑 두뇌가 인공지능과 겨룬다니 쉽

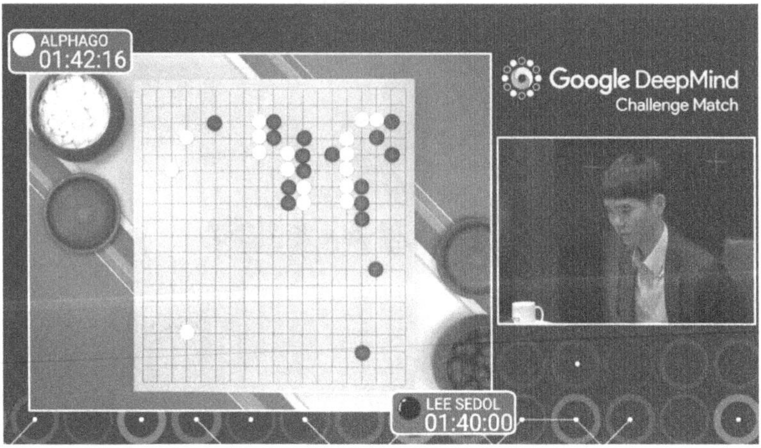

그림 1-1 **이세돌과 알파고 바둑 대결: 인공지능 시대 개막을 알렸다**

게 인간 두뇌가 이기리라 생각했다. 하지만 결과는 충격적이었다. 4:1로 패배다. 이세돌 9단은 1승도 그나마 '운이 좋아서'라고 했다. 인공지능이 완벽하게 바둑을 둔다는 이야기다(그림 1-1).

어떻게 인공지능이 바둑을 둘 수 있을까. 인공지능이 사람처럼 생각할까? 생각이라기보다는 수많은 경우의 수를 계산해서 정답을 내놓는다. 정답? 바둑에 정답이 있을까. 엄격하게 따지면 정답이 있다. 예를 들어서 5알만 남기고 모두 채워진 상황에서 어디에 놓으면 어떤 결과가 생길지는 계산이 가능하다. 즉 경우의 수로 이길 확률을 예측할 수 있다. 인공지능은 이런 계산에 능하다. 여러 개의 슈퍼컴퓨터를 연결하면 그 연산 속도는 사람이 도저히 따라갈 수 없다. 게다가 인공지능은 학습을 한다. '학습'이란 이길 확률을 높이는 방법을 찾아가는 것이다. 많은 바둑 게임 수순을 따라가다 보면 어떤 식으로 바둑을 놓는 것이 유리한지를 계산할 수 있다. 바둑 인공지능은 많은 정보를 해석하고 최적의 방법을 계산하는 프로그램이다. 인공지능이 이길 수밖에 없다. 왜냐면 바둑은 결국 경우의 수에 따른 확률 게임이기 때문이다. 문제는 그런 프로그램을 만들 수 있는 고급 두뇌들이다.

인공지능 '알파고'는 영국 '딥마인드'라는 회사가 만들고 2014년 공룡기업 '구글'이 인수했다. 알파고를 만드는 데는 5년이 걸리고 돈이 수천억 들어갔다. 알파고의 '고'는 바둑을 뜻하는 일본어에서 따왔으며 '알파'는 '알파요 오메가다'라는 의미로 처음, 최고를 의미한다. 즉 바둑 최고인 인공지능이란 의미다. 구글이 왜 바둑에 많은 돈과 시간을 들였을까? 설마 바둑이 큰돈이 될 거라 생각지는 않았을 거다.

이세돌 9단과의 바둑이 끝나고 기자가 딥마인드 CEO '데미스 허사비스'에게 물었다. "당신들은 알파고를 왜 만들었는가?" 답변이 인상적이었다.

"알파고는 데모 버전이다. 즉 인공지능이 이런 강력한 힘을 가지고 있다는 걸 보여주기 위함이다." 그럼 실제 목적은 무엇일까. 당시 구글은 벤처 분야 중 바이오헬스에 36%를 투자하고 있었다. 빅데이터(24%), 모바일(27%)보다 높은 비중이다. 구글은 이미 바이오헬스가 미래 먹거리임을 알고 있었던 거다. 왜 바이오헬스가 가장 유망한 분야일까? 인간이 태어나서 지금까지 끊임없이 추구해왔던 것, 그건 건강 장수다. 세계 바이오 시장이 반도체나 자동차 분야보다 큰 이유다(그림 1-2). 이제 이해가 된다. 왜 구글이 막대한 돈을 들여 인공지능 분야를 접수했는지. 구글은 바이오헬스 분야에서 인공지능이 돈을 벌 수 있음을 이미 꿰뚫고 있었던 거다. 그렇다면 인공지능은 바이오헬스 분야에서 무슨 일을 할 수 있나? 두 가지 예를 보자. 콘택트렌즈형 당뇨 측정기와 인공지능 의사다.

구글이 만든 당뇨 측정기는 콘택트렌즈다. 눈에 끼고만 있으면 24시간 측정된다. 측정 데이터는 스마트폰으로 보내진다. 태양광을 전기로 사용한다. 별도 배터리도 필요 없다. 콘택트렌즈를 끼고 있으면 24시간 당뇨 수치가 측정되어 스마트폰을 통해 의사 혹은 AI 의사에게 전달된다. 수많은 빅데이터, 즉 당뇨에 관한 과학적 정보와 전문가들 경험으로 프로그램된 AI 의사는 스마트폰을 통해 들어온 당뇨 데이터를

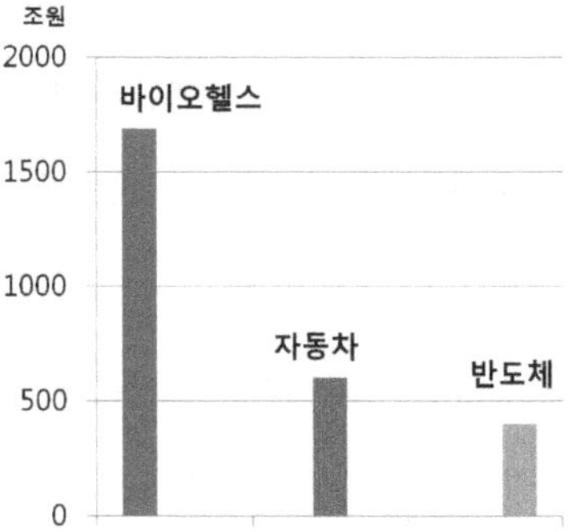

그림 1-2 **세계 바이오헬스 시장**(단위: 조 원)

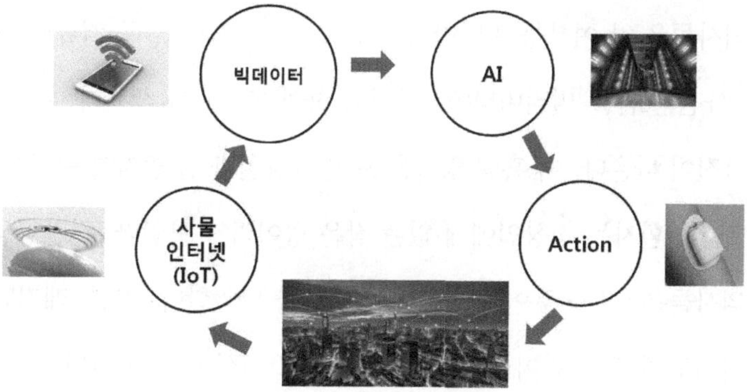

그림 1-3 **바이오헬스 작동 방법은 4차 산업혁명 작동 사이클과 같다**

보고 판단을 한다. 인슐린을 공급해야겠다고 판단되면 신호를 보낸다. 환자 팔뚝에 접착되어있는 인슐린 펌프가 자동 작동되어 필요한 만큼 정확하게 주입된다. 데이터 수집, 데이터 분석, 그리고 대처 행동이 한 사이클로 돌아간다. 4차 산업혁명의 전형적인 작동 패턴이다(그림 1-3).

이제 암 진단도 AI 의사가 한다

2017년 가천대 의대 길병원은 인공지능 암진료센터를 열었다. 환자들이 인공지능 의사를 찾아갈까? 놀랍게도 진짜 의사보다 오히려 인공지능을 선호했다. 정확했기 때문이다. MRI, CT, 암 검사 결과를 놓고 의사들은 암 여부를 판단한다. CT Computer Tomography, 즉 컴퓨터 단층촬영사진은 몸을 밀리미터(㎜) 단위로 하여 X-ray를 찍는다. 수십 장의 사진이 나온다. 이 흑백 영상을 보면 정상인과 암 환자가 구분이 된다. 즉 암 환자는 정상인에게 없는 작은 덩어리가 보인다. 진단영상학과 의사들은 CT를 훑어보면서 이상 여부를 확인한다. 인턴, 레지던트를 거치고 오랜 경험이 쌓이면 보기만 해도 이상 여부를 판단할 수 있다. 하지만 의사도 사람이다. 어제 야간 수술로 눈이 침침할 수도 있고 수백 장의 사진을 넘기다 보면 못 보고 지나갈 수도 있다. 그래서 인공지능도 CT를 보는 방법을 훈련한다. 정상인 데이터와 암 환자 데이터를 비교한다. 어떤 위치에 어떤 물체가 어떤 모습으로 있는 것이 정상이라고 기본 데이터를 정한다. 이에 반해서 새로운 물체가 나타나면 암으로 간주할 수 있다. 수천, 수만, 수백만 개 CT 데이터를 정리, 분석하면 ㎜ 크기 물체가 어디에 있으면 암으로 판정되는 경우가 몇 %인지를 알 수 있다.

인공지능은 이런 방식으로 암을 진단하는 데 82%의 정확도를 보였다. 인간 의사보다 높다. 게다가 세계적인 암 권위자들이 모여서 가장 좋은 치료 방법을 모두 모았다. 수백만 가지 암 관련 서적 내용도 데이터로 입력시켰다. 인공지능이 판독, 치료 방법 제시에 정확할 수밖에 없다. 바둑 두는 것에 비하면 이것은 식은 죽 먹기다. 바둑에서 수천수만 가지 경우의 수를 미리 계산하는 것과는 달리 CT를 통한 암 판독은 정상인과 암 환자 CT, 즉 검정색과 흰색 화면을 비교하는 것이다. CT 흑백 영상 속에서 이상 부분만을 골라내는 단순 작업인 셈이다. 암을 판별하는 가이드라인만 확실하게 정하면 인공지능은 지치지도 않고 밤새 수만 장 CT 영상을 몇 번이고 반복해서 읽어낼 수 있다. 그렇다면 인공지능이 의료 부문에만 쓰일까? 아니다. 인공지능은 산업 전체에 엄청난 변화를 가져온다. 이른바 4차 산업혁명이다. 그 핵심에 인공지능이 있다. 4차 산업혁명 속으로 들어가 보자.

02

4차 산업혁명: Online, Offline 연결

4차 산업혁명이 세상을 바꾸고 있다

자동차가 혼자 운전을 한다. 운전자 없이도 빨간불에 서고 파란불에 직진한다. 다른 차와 안전거리 유지는 기본이다. 목적지만 입력해놓으면 차내 GPS(인공위성 위치 추적)센서가 위치를 잡고 CCTV로 앞뒤, 좌우 차량 거리를 분석하고 차선을 인식해서 혼자 운전해 간다. 공상과학 속 자율주행차가 현실화되었다. 미국 테슬라모터스를 비롯해 세계 모든 자동차회사가 자율주행차 생산을 준비하고 있다. 이미 국내에서도 시범 운행을 성공리에 끝냈다. 자율주행 핵심 기술은 물론, 인공지능AI: Artificial Intelligence이다. 차내 탑재된 센서(거리, 위치, 시각)는 모든 정보를 인공지능에 제공한다. 인공지능은 이 정보를 기반으로 핸들을 돌리고 속력을 조절한다.

이 인공지능은 로봇에도 쓰인다. '소피아'는 미국 '핸슨 로보틱스'에서 제작한 말하는 인공지능 로봇이다. 여성 외모를 하고 있다. 찡그리고 놀라고 화내고 미소 짓는다(그림 1-4). 실제 사람 얼굴을 보는듯하다. 물론 1:1 대화가 가능하다. 미리 준비된 대화 내용이 아니고 즉석에서 질문을 해도 술술 이야기를 한다. 놀랍다. 휴머노이드, 즉 인간 모습을 한 로봇은 공상과학 영화 단골 소재다. 그런데 이제는 더 이상 영화 속 장면이 아닌 실제 상황이다. 국내 전자업계도 인공지능을 TV에 부착시켰다. 사람이 말하는 것에 따라 자동으로 채널을 돌리는 것은 기본이다. 오늘 날씨가 어떤지, 부산행 KTX가 몇 시에 떠나는지, 빈 좌석이 있는지도 대답해준다.

분명 세상이 변하고 있다. 2050년도에 생길 수 있는 일들은 무엇이 있을까. 먼저 로봇 약사가 등장한다. 약사는 처방대로 제조한다. 이것처럼 자동화하기가 쉬운 것도 없다. 지정된 상자에 약이 들어가 있다. 처방대로 로봇이 약을 제조하기는 너무 쉽다. 머리를 쓰지 않아도 된다. 집에서 10킬로 떨어진 밭 비닐하우스도 스마트폰으로 열고 닫는다. 이런 정도는 간단하다. 사람 손목에 차고 있는 밴드로 혈압, 혈당이 자동 측정된다. 매일 건강 수치가 의사에게 전달된다. 인공지능 의사는 혈당이 높아지고 있으니 현재 먹고 있는 국수 대신 섬유소가 많

그림 1-4 **인공지능 소피아. 말도 척척 하고 표정도 다양하다**

은 현미를 권한다. 불과 50년 전만 해도 상상도 못 했던 일들이 현실화되고 있다. 4차 산업혁명은 생활을 바닥부터 송두리째 바꾸어놓는다.

4차 산업혁명은 이미 시작되었다

인류는 20만 년 전 아프리카 초원에서 사냥을 했다. 최근 모습으로 변화한 지는 불과 200년도 안 된다. 4차례 이어진 산업혁명이 인류를 기술 시대로 진입시켰다. 1차 산업혁명은 18세기 기계화혁명이다. 가내 수공업 형태이던 섬유공업이 증기기관 기반 기계가 도입되면서 거대 섬유산업으로 발전했다. 영국이 세계를 제패하게 된 이유가 바로 1차 기계산업 혁명이다. 단순히 기차를 만든 것이 아니다. 기차로 시작된 선로가 온 세상을 연결했다. 예전에는 갈 수 없었던 먼 도시가 이제 철도로 연결되었다. 이른바 철도 네트워크 등장이다. 그만큼 도시들이, 사람들이 가까워졌다.

1차 산업혁명이 기계였다면 2차는 전기다. 19~20세기 초 전기가 발명되면서 기계가 전기로 돌아가기 시작했다. 냉장고가 만들어지고 세

탁기가 돌아갔다. 이제 기계에 전기가 붙은 셈이다. 컨베이어 벨트가 돌기 시작하면서 온갖 편리한 기기들이 만들어졌다. 전기 역시 단순히 모터를 돌리는 힘이 아니다. 전깃줄이 세상을 한 개 네트워크로 만들었다. 한 나라가 전기 네트워크로 묶이게 되면서 전화가 통했다. 전보가 오고 갔다. 기계에 이어 에너지원인 전기가 세상 모든 도시에 공급되었다.

3차 산업혁명은 인터넷이다. 단순 기계였던 컴퓨터가 인터넷으로 연결되면서 세계가 연결되었다. 지식정보 시대가 도래했다. 영국이 1, 2차를 주도했다면 이제 미국이 3차를 주도했다. IBM, 마이크로소프트 등 굵직굵직한 대기업이 세계를 하나로, SNS로, 페이스북으로 연결했다. 세계가 하나로 소통했다. 철도로, 전기로 연결된 세상이 이제는 인터넷 선으로, Wi-Fi로 지구 먼 구석까지 연결되었다.

4차는 1, 2, 3차의 융합이다. 2015년 시작된 4차 산업혁명으로 세상 만물이 인터넷으로 연결되고 인공지능으로 움직이게 되었다. 만물이 지능을 갖게 되니 온 세상이 연결된다. 4차 산업혁명은 만물초지능 혁명이다. 세상이 초연결, 초지능, 초융합 사회가 되었다.

03

최종 목표: 청정 지구, 건강 장수

4차 산업혁명 핵심 기술

(1) 사물인터넷IoT: Internet of Things

IoT란 모든 물건에 인터넷이 연결되어있다는 뜻이다. 연결되어있으면 멀리서도 자동으로, 실시간으로 정보 수집과 어떤 행동이 가능하다. 이제 농부도 매일 밭에 나가서 온실 비닐을 덮었다 벗기었다 할 필요가 없다. 비닐하우스 비닐을 여닫는 모터가 인터넷에 연결되어있다. 어디서든 스마트폰으로 현지 온도, 비닐하우스 온도를 알 수 있다. 비닐하우스 주인은 언제라도 비닐하우스를 열고 닫을 수 있다. 전국 비닐하우스가 모두 농림부 중앙 서버에 연결될 수 있다. 농림부가 새롭게 개발한 온실 온도 조절법을 전국에 걸쳐 무선으로 실시할 수 있다. IoT 핵심 기술은 물건에 붙는 센서다. 온도, 움직임, 강수량 등 모든 센서를 통해 데이터가 인터넷으로, 스마트폰으로 들어온다. 또 이 정보를 통해서 어떤 행동이 기계를 움직인다. 자율주행차는 수많은 IoT가 붙어있다. 차량 앞에는 전방 시야를 보여주는 카메라가 무선 IoT로 정보를 보낸다. 차에는 물론 위치를 알려주는 GPS IoT도 붙어있다. IoT가 적용되는 분야는 집, 차량, 헬스, 도시다. 특히 스마트 헬스는 정보기술IT, 나노기술NT, 바이오기술BT이 모두 결합된 떠오르는 시장이다.

① 홈 헬스케어

집 전체가 사물인터넷과 연결되어있다. 사물인터넷은 집 안 보안을 탄탄하게 하고, 온도, 난방, 조명 등 집 안 환경을 원하는 대로 바꿀 수 있다. 집 전체가 건강을 위해서 변신 중이다. 소변기도 첨단 헬스 IoT로 변신한다. 부착된 진단용 IoT가 소변검사를 실시한다, 소변 내 주요 성분은 건강 지표다. 소변검사 데이터는 스마트폰 앱을 통해 의사에게 전달된다. 의사는 이상이 있을 경우 정밀 검사를 실시하게 된다. 홈 헬스케어 중에는 행동을 관찰하는 일이 중요하다. 집 안 구석구석 CCTV와 움직임 동작센서가 외부인 침입까지 실시간으로 알려준다. 물론 움직임을 모니터링하는 방법은 집에 홀로 있는 독거노인이나 치매 환자를 돌보는 데도 응용이 된다. 아침에 일어나서 화장실, 부엌을 다니는 환자 행동 패턴을 실내 움직임 IoT가 매일 기록하고 저장한다. 어느 날 이런 움직임에 변화가 있거나 움직임이 감지되지 않는다면 자식들이 직접 달려갈 수 있다. 아니면 누군가를 보내서 확인할 수도 있다. 독거노인이 가지고 있는 스마트폰 움직임 센서는 넘어졌을 경우에도 경보가 가능하다. 즉 넘어질 때 비정상적으로 빠른 가속도 변화로 알 수 있게 된다. 매일 약을 먹어야 하는 경우 약상자 문이 열리는 시간을 자동 측정해서 제때 약을 먹는지도 알 수 있다. 칫솔에 위치센서를 붙인다면 움직임 변화로 매일 양치질 여부도 확인한다.

② 웨어러블 헬스케어

스마트 헬스에서 가장 먼저 시장에 선을 보인 것은 손에, 몸에 걸치는 웨어러블wearable이다. 다양한 웨어러블 기기가 스마트폰과 Wi-Fi, 블루투스로 연결되어 온 세계 인터넷에 연결된다. 상용화된 웨어러블 기기는 증가 추세다(그림 1-5). 몇 가지 상품을 보자.

- **Cue health tracker**: 15가지 건강 상태(자주 걸리는 질병, 감기, 비타민 섭취, 염증, 남성 호르몬, 배란일, 각종 질병 알람 기능, 독감 지역, 질병 위험 지역)가 스마트폰에 연결되어 미리 정보를 제공한다. 걸어 다니는 의사인 셈이다.

- **입 냄새 측정기**: 입 냄새가 심하면 몸이 안 좋은 징조다. 단순히 상대방에게 혐오감을 주는 것 외에 본인 건강을 알려주는 전조 증상이다.
- **OKU skin care**: 스마트폰 연동 피부 관리 시스템이다. 피부 타입 데이터를 수집, 피부 상태 개선 방향을 제시한다.
- **자외선 보호 팔찌**: 실시간 자외선 수치와 차단제 정보를 제공한다. 브로치, 팔찌 형태로 부착하고 스마트폰과 연동된다.
- **암 스트랩**strap: 부착형 심박수 측정기다. 심장마비 징조를 24시간 데이터로 스마트폰 전송한다.
- **IT 브라**: 유방암 자가진단 브라 형태다. 암 발생 시 모세혈관을 생성하여 체온 변화가 있음에 착안한 셔츠형 브라다.
- **스마트 마우스피스**: 운동 중 뇌진탕으로부터 보호한다. 마우스피스 형태로 충돌 시 가속센서로 충격 크기를 계산, 색으로 표시한다.

③ 생체이식 헬스케어

팔찌나 몸에 걸치는 웨어러블 형태가 아니라 아예 몸에 삽입하는 형태다. 대표적인 IoT로는 혈당측정기가 있다. 현재 혈당은 혈액을 직접 채혈하여 측정하는 방법이 가장 정확하다. 이를 위해 매번 채혈하지 않고 패치 형태로 몸에 부착한다. 패치에는 미세한 주삿바늘이 붙어있다. 24시간 동안 혈당을 자동 모니터링하고 데이터를 스마트폰으로 보낸다. 모니터링 결과를 펌프에 연동시켜 인슐린이 자동 공급되도록 한다. 구글은 콘택트렌즈에 혈당을 측정하는 센서를 부착했다. 눈물 속 당 농도를 측정하면 혈당을 알 수 있다. 삽입형 인공와우는 청각이 손

그림 1-5 웨어러블 헬스케어 센서는 실시간 건강정보를 보낸다

상된 환자에게 사용된다. 인공와우는 귓속 달팽이관을 그대로 모방하여 만든 증폭장치다. 달팽이관의 소리 전달 원리를 그대로 적용하여 기존 단순 마이크로폰 형태보다 훨씬 정교하게 소리를 분리할 수 있다.

(2) 빅데이터

50년 전에는 빅데이터가 없었을까? 아니, 있었다. 다만 그 정보가 텍스트화되지 않아서 모을 수가 없었을 뿐이다. 신문을 예로 들자. 활자가 발명된 이후 발간된 서적, 신문 등 모든 글들은 책, 신문 형태로 쌓여있었다. 누군가 그 지식이 필요하면 일일이 들추어내야 했다. 이제는 세상이 변했다. 모든 신문, 책 내용은 디지털화될 수 있다. 컴퓨터에 저장된다. 개인 문자도 모두 저장되고 무엇을 샀는지도 신용카드 매출로 모두 기록되어 공개된다. 한 사람의 행동 패턴과 감정이 빅데이터로 저장된다. 이를 잘 분석하면 마케팅이나 상품 개발에 좋은 정보를 뽑아낼 수 있다. 어떤 사람이 호텔을 찾으려고 로그인하면 그 사람이 좋아하는 환경, 예를 들면 조용한 곳이라든가, 산이 많이 있는 지역이라든가의 분석을 개인 빅데이터를 통해 알 수 있다. 개인 빅데이터란 예를 들면 그 사람이 그동안 여행했던 곳을 항공사, 여행사 데이터로 알 수 있고 구매한 책을 통해 무엇에 관심이 있는지도 알 수 있는 것이다. 이를 분석해서 그 사람이 좋아할 만한 호텔을 골라내서 상품을 구매하도록 유도하는 방식이다.

결국 개인이 하는 모든 일, 세상에서 일어나는 모든 일이 빅데이터라는 이름으로 축적된다. 강남역 3번 출구에 어떤 색 옷을 입은 사람들이 몇 명 다니는지도 모두 데이터로 확인이 가능하다. 전 세계에서 매일 발생하는 데이터 양은 『해리포터』 6,500권 분량이다. 지난 2000년간 저장된 모든 데이터의 양이 현대의 하루에 발생하는 데이터 양과 같다. 현대인은 빅데이터 속에 산다.

바이오 분야에서도 빅데이터는 그 위력을 발휘한다. 이제 의사들의 진료기록은 예전과 달리 모두 디지털로 남는다. 예전에는 의사들만이 알 수 있는 꼬불꼬불한 전문용어로 휘갈겨 써서 나중에 필요하면 겨우 다시 확인할 수 있었다. 지금은 모두 텍스트화되어 공개된다. 한국인 몇 %가 무슨 병에 걸리고 걸릴 경우 몇 %가 치료되고 어떤 약에 무슨 결과가 나왔는지도 컴퓨터 자판 몇 번 두들기면 모두 알 수 있다. 의료 분야 빅데이터는 비단 환자들의 진료 데이터만이 아니다. 인간 유전자 순서, 즉 30억 개 DNA 염기 서열이 2003년에 모두 밝혀졌다. 이제 어떤 유전자 순서가 어떻게 변하면 무슨 병이 생기는지도 안다. 개인별 게놈 차이에 따라 병에 걸리는 정도, 약에 반응하는 정도도 달라진다. DNA 순서 이외에도 생산되는 RNA, 단백질 정보도 모두 빅데이터에 해당한다. 인간 게놈만이 아니라 인간과 관련된 중요 미생물, 식물 게놈 정보도 방대하다.

(3) 인공지능

알파고 바둑 대결에서 선보인 인공지능은 발전 속도가 무섭기까지 하다. 구글이 알파고를 선보이기 이전에 IBM이 '왓슨'이라는 인공지능을 개발했다. 왓슨은 미국의 대표적인 퀴즈쇼(제퍼디 쇼)에 출연해서 퀴즈왕과 대결을 벌였다. 사회자가 육성으로 물어보는 내용을 해석해서 그에 맞는 답을 대답하는 형식의 퀴즈 대결이다. 체스나 바둑과는 게임 방법이 다르다. 세상 모든 지식을 다 검색하는 능력으로 사람 기억력과 대결하는 셈이다. 네이버 지식백과를 검색하는 경우를 생각하면 퀴즈 대결에서는 당연히 인공지능이 우수하다. 이제 인간 지식이나 판단력을 넘어선 인공지능이 나올 수 있을까?

인공지능은 '딥러닝'이라는 방법으로 스스로 학습을 한다. 딥러닝 방법은 최적화 방법이다. 어떤 문제를 해결하는 수식을 정하고 수많은 데이터를 넣게 되면 그 문제를 해결하는 가장 좋은 방식을 알려준다. 데이터가 많아질수록 수식은 점점 정교해진다. 바둑을 두는 수많은 경우의 수를 가지고, 수백 번 바둑 대국 데이터를 입력하여 이길 확률이 높은 경우를 계산해내는 것과 유사하다. 이러한 인공지능은 약한 AI, 강한 AI로 구분한다. 날씨를 예보하고 가장 좋은 경로로 안내하는 내비게이션을 약한 인공지능이라고 분류한다. 반면 인간 두뇌를 넘어서는 강한 AI는 인류에 큰 위협이다. AI 전문가들은 견제 장치가 반드시 필요하다고 역설한다. 알파고를 개발한 구글 CEO는 AI 개발 필수 조건으로 회사 내에 AI 견제 장치가 있어야 한다고 주장한다. 하지만 아직 이에 대한 구체적인 준비는 없다. SF 영화에서처럼 인공지능이 인간을 앞서게 되는 것은 곧 인류 멸망을 의미한다.

4차 산업 핵심 학문 분야: 물리학, 디지털, 생물학

4차 산업은 물리학, 디지털 그리고 생물학기술이 핵심이다. 물리학은 기계 관련이다. 무인 운송수단, 3D 프린팅, 로봇공학, 신소재가 주요 분야다. 직접 움직이는 물건이나 기계들이다. 반면 디지털기술은 이들 기계를 움직이는 소프트웨어이고 네트워크다. 사물인터넷, 빅데이터, 인공지능이 디지털기술 분야다. 한편 생물학기술은 스마트의료와 합성생물학 기술이 대표 선수다. 스마트의료는 IT, NT, BT가 결합된 형태로 홈 헬스케어, 웨어러블 헬스케어, 원격의료 등이 포함된다. 합성생물학은 DNA 합성, 분석 기술로 이제는 원하는 유전자를 합성하고 조립하여 새로운 유전자를, 심지어는 생명체를 만들어낸다.

4차 산업 핵심 분야로 합성생물학이 들어간 이유는 간단하다. 바이오 분야가 떠오르는 시장이기 때문이다. 그 중심에는 물론 인간이 있다. 즉 지구상 모든 기술은 인간이 청정 지구에서 건강 장수함을 목표로 한다. 바이오는 전통적인 발효산업, 즉 술, 된장을 만들던 재래기술에서 이제 IT, NT 기반 4차 산업이라는 달리는 말에 올라탔다. 발전 속도가 빨라진 것이다. 바이오산업이 황금 알을 낳는 오리가 된 이유다.

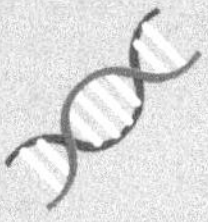

PART
02

바이오 분야는
기초와 응용으로 분리된다

01

바이오 학문은 기초(과학)와 응용(기술)으로 나뉜다

과학Science과 기술Technology 차이는 돈이다

과학과 기술은 비슷하지만 둘은 근본적으로 다르다. 돈을 놓고 보자. 과학(기초학문)은 돈을 써서 원리를 밝힌다. 기술(응용학문)은 과학을 이용해서 돈을 번다. 그렇다. 과학은 원리를 캐고 기술은 원리를 바탕으로 제품, 상품을 만들어낸다. 과학이 순수학문, 기술이 응용학문이다. 백신 만드는 것을 보자. 에볼라 바이러스 구조가 어떻게 생겼고 어느 부분을 목표로 백신을 만들까 구상하는 것은 사이언스, 즉 순수과학이다. 반면 백신을 구성하는 DNA 부분이 들어간 효모를 배양기에서 어떻게 배양하고 백신 DNA를 어떻게 분리해서 주사제로 만드는가를 연구한다면 이는 기술, 즉 응용기술이다. 이번에는 DNA를 보자. DNA가 어떤 구조이고 어떻게 복제되는가를 연구하는 사람은 순수과학을 한다고 한다. 반면 DNA 복제 과정을 응용해 아주 소량의 DNA를 무한정 복제하는 PCR(중합반응)기술을 만들어서 범인 색출에 쓴다면 기술, 즉 응용 과학에 가깝다. 어느 부분이 더 좋은가는 순전히 개인 성향에 따라 다르다. 바이오 회사에서는 어떤 사람이 필요할까?

답은 둘 다이다. 예를 들어 박테리아에서 항생제를 만드는 회사라 하자. 이 회사가 새로운 항생제를 만들려고 한다면 우선 박테리아를 흙속에서 분리해내야 한다. 이후 세포 내에서 어떤 경로로 항생제가 생합성되는가를 밝혀내야 한다. 이는 미생물학, 생화학, 화학, 즉 기초학문을 전공한 사람이 해야 한다. 다음에 해야 할 일은 항생제를 싼 가격으로 만드는 일이다. 박테리아를 배양기에서 어떤 방식으로 키워야 가장 많이 생산될지, 이때 총비용은 어떻게 될지, 불순물이 섞인 것을 어떻게 분리해 제거할지 등등은 응용과학을 전공한 연구원이 주로 하게 된다. 항생제 회사에서는 둘 다 필요한 인력이다. 물론 새로운 항생제를 만드는 박테리아만 찾아내서 외국 회사에 특허 균주를 판다고 하는 벤처회사라면 순수과학을 하는 사람만 있어도 될 내용이다.

그러나 모든 학문, 특히 바이오는 무 자르듯 순수과학과 응용기술이 구분되지 않는다. 중간 영역이 많이 있다. 과학을 전공한 사람이 기술 산업화 방향으로 집중할 수도 있다. 바이오 분야도 이와 유사하다. 먼저 기초 분야를 보자.

기초과학은 바이오산업 밑돌이다

① 유전체학Genomics: 유전자들을 한 세트로 보자

DNA, 유전자까지는 알겠는데 유전체학Genomics은 또 무엇일까? 오믹스-omics란 여러 개가 모였다는 뜻이다. 유전자가 모인 것을 공부하는 분야는 Gene+Omics, 즉 Genomics다. 사람 유전체는 30억 개 염기로 되어있다. 이들 염기는 빽빽하게 뭉쳐 46개 염색체chromosome에 나뉘어 있고 이 안에는 약 24,000개의 알려진 유전자가 있다. 유전체학은 이들 24,000개 유전자들이 서로 어떻게 관련되어 일을 하는가를 연구한다. 유전자 하나하나도 물론 연구하지만 유전자는 서로서로 얽혀서 영향을 준다. 만약 당뇨를 연구한다면 당뇨에 관련되는 유전자들 모두를 연구해야지 단순히 당뇨 조절 유전자인 인슐린 하나만을 연구해선 부족하다. 당연히 모든 유전자들의 기본 정보는 알아야 한다.

② 단백질체학Proteomics: 단백질이 최종 목적이다

세포가 살아가려면 유전자가 일을 해야 한다. 예를 들어보자. 밥이 들어오면 밥알을 분해하는 효소(아밀라아제)를 만들어내야 한다. 그러려면 그 아밀라아제 유전자가 켜져야 한다. 켜져서, 즉 전사되어 mRNA를 만들고 여기에서 단백질protein, 즉 아밀라아제가 만들어져야 한다. 인간 유전체에서 약 24,000개 유전자가 이런 일을 한다. 이들이 만들어내는 단백질들은 효소, 호르몬, 콜라겐 등 다양한 종류들이 있다. 이것들이 세포를 움직인다. 이들을 연구하는 것이 단백질체Proteomics 분야다(그림 2-1).

③ 세포체학Cellomics: 세포가 모이면 사람이다

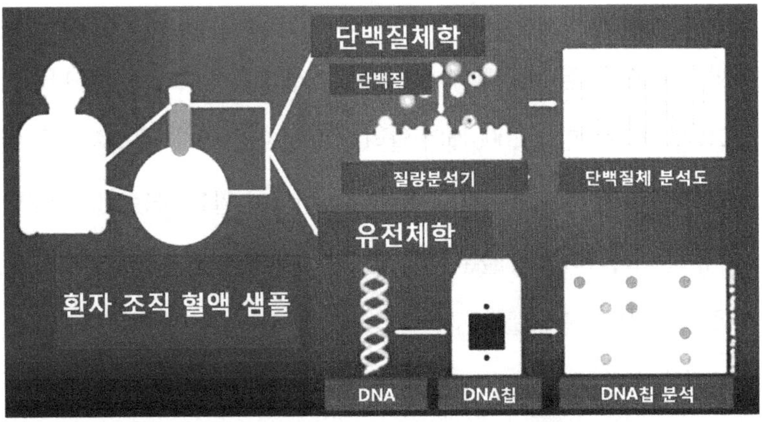

그림 2-1 **환자 혈액에서 DNA, 단백질 전체 정보를 알면 건강 정보를 획득, 예측할 수 있다**

몸은 70조 개 세포로 만들어지고 세포 종류가 230개나 된다. 수정란은 분열을 시작하여 갖가지 세포로 변해서 태아를 완성한다. 백혈구처럼 어떤 세포는 10일 살다가 죽는 것도 있고 줄기세포처럼 계속 살아가는 것도 있다. 세포가 늙으면 사람도 늙는다. 세포는 홀로 있지 않다. 세포들 사이는 서로 연결되어있다. 세포체학 분야는 세포가 왜 늙는가, 어떻게 새로운 것으로 대체되는가, 줄기세포는 어떻게 만들어지고 어떻게 원하는 세포로 만드는가를 연구한다. 노화, 재생의학에서 중요한 분야다.

④ 대사체학Metabolomics: 물질을 만들어야 세포가 움직인다

세포 내는 DNA, RNA, 단백질 같은 고분자 이외에도 저분자물질로 가득 차 있다. 포도당, 비타민, 아미노산 등 세포가 먹고 뱉어내고 서로 주고받는 물질들이 수프처럼 꽉 차있다. 밥을 먹고 나서는 어떻게 에너지가 만들어지는지, 여기에 관여하는 것들은 나중에 어떤 경로로 분해되고, 페니실린은 어떤 경로로 만들어지는가 등 생산과 분해에 관련된 경로를 연구하는 것이 대사체학이다. 세포를 이용해서 무언가 물질을 만들어낼 때 아주 중요한 역할을 한다. 예를 들어 대장균에서 휘발유를 만들려면, 먼저 대장균에서 만들어지는 모든 물질의 경로pathway를 알아야 한다. 그럴 경우 중간에 어떤 물질들이 얼마만큼 생산되는지를 확인해야 한다. 즉 대사물metabolite들을 모아서 연구해야 한다. 이것이 대사체학이다.

⑤ 시스템생물학Systems Biology: 세포 내 회로를 마음대로 주물러보자

생물을 한 개 시스템system으로 해석해보자. 예를 들면 효모가 알코올을 만드는 과정을 한 박스box로 놓고 이 안에서 모든 것이 자동으로 조절된다고 생각해보자. 실제로 효모는 완전히 독립된 하나의 박스, 즉 개체이다. 다시 말해서 효모 내부 관련 유전자들, 효소들은 서로 얽혀서 일을 하지만 한 개 시스템, 즉 알코올을 만드는 시스템 안에서 조절된다. 그렇게 한 조각씩 레고를 맞추어가면 대장균도 로봇처럼 조정되고 해석할 수 있다. 알코올 생산 시스템, 회로를 완전히 파악하고 어떻게 돌아가는지 알았다 하자. 그러면 이것을 그대로 다른 생명체에도 적용할 수 있다. 예를 들어 휘발유 생산 시스템을 만들려면 어떤 유전자들을 어떻게 연결했을 때 시간당 얼마만큼 휘발유가 나오겠다는 것이 예측된다. 이 시스템을 그대로 대장균에도 적용할 수 있다. 컴퓨터가 여러 개 모듈을 끼워 넣으면 되듯이 여러 개 시스템을 모으면 한 개 생물체를 이룬다는 의미다. 결국 시스템생물학은 모든 오믹스Omics, 즉 유전체, 단백질체, 세포체, 대사체를 모아놓고 하나의 큰 틀에서 연구하는 분야다. 분야는 생물체가 관여하는 모든 분야다.

⑥ 구조생물학 Structural Biology**: 구조를 알면 신약이 보인다**

생물체에서 구조를 알면 어떤 연구가 가능할까? 예를 들어 세포 외곽에 안테나처럼 달려있는 수용체receptor 구조를 알면 항암제를 만들 수 있다. 즉 세포 외곽 안테나에 어떤 신호물질(호르몬)이 달라붙어서 그

세포를 미친 듯이 자라게 한다면 이 세포는 암세포가 된다. 예를 들면 마치 안젤리나 졸리 유방암과 같다. 그녀의 유방세포는 안테나가 정상인보다 100배 많다. 그만큼 신호를 많이 받아 100배 빨리 자란다면 그것이 유방암세포다. 이것을 막으려면 먼저 안테나의 정확한 구조가 필요하다.

바로 그 안테나에 달라붙는 물질을 찾는다면 그것이 유방암 치료제다. 세포 내 많은 물질 중에서 단백질 구조를 연구하는 그룹이 많고 그 분야가 넓은데, 단백질이 세포 내에서 제일 중요한 일꾼이기 때문이다. 신약 개발도 구조생물학에서 출발한다. 예를 들면 수용체 구조를 컴퓨터로 예측해서 3차원 구조를 만든다(그림 2-2). 그다음 거기에 끼어 들어가는 물질을 찾거나 디자인해서 화학합성한다. 그것이 신약후

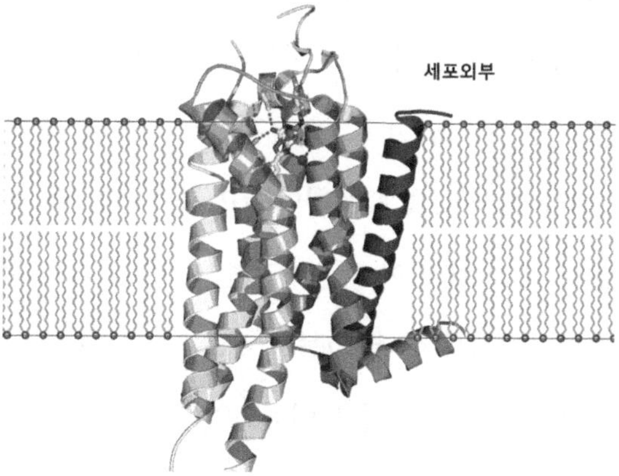

그림 2-2 **구조생물학: 세포막에 꽂혀 있는 수용체. 이를 통해 신호가 오간다. 이 구조를 알면 신호차단제를 만들 수 있다**

보물질이다. 이 물질들을 암세포에 투여해서 효과가 있다면 본격적으로 동물실험에서 확인하고 인체실험에서 다시 효능을 확인한다. 따라서 구조생물학은 신약 개발의 중요한 첫걸음이다.

⑦ 뇌과학Brain science: 뇌는 곧 사람이다

중고생들이 가장 흥미로워하는 분야가 뇌과학이다. 뇌과학은 이제 막 첫발을 딛기 시작했다. 지금까지는 세포가 어떻게 생겼고 이를 관장하는 DNA가 어떻게 명령을 내리는가를 연구했다. 그런데 이제는 인체를 조종하는 뇌가 주 관심사다. 뇌는 인체다. 뇌가 바로 사람이다. 그래서 뇌세포 하나하나를 연구하기 시작했다. 더불어 서로 연결된 뇌세포(뉴런)들이 어떻게 신호를 전달하는지도 알아낼 수 있다. 기억이 어떻게 형성되고 꺼내지고 잊어버려지는지도 세포 수준에서 조사한다. 실제 뇌세포 유전자가 빛에 반응하도록 빛 유전자를 삽입한다. 이어 뇌에 빛LED을 쬐이면 바로 그 유전자가 일을 한다. 어떻게 기억이 형성되는가를 이제는 빛으로 확인하고 볼 수 있다는 이야기다. 이는 뇌과학 일부다. 이런 일이 가능하려면 먼저 '뇌지도', 즉 뇌세포 연결망 지도가 만들어져야 한다. 그동안 세포 내 DNA지도를 만들었다면 이제는 뇌세포가 서로 어떻게 연결되었는지를 알려 한다. 이 거대한 'brain project'가 완성되면 인간 게놈이 완성된 것보다 훨씬 깊은 연구를 할 수 있다. 뇌 줄기세포 연구도 급상승 중이다. 지금은 줄기세포를 실험실에서 배양해서 뇌를 만드는 초기 단계다. 이런 모든 노력은 세 군데로 집중된다. 첫째는 뇌질환 치료, 예방이다. 둘째는 인간 뇌를 기계의 도움으로 성능을 향상시키는 것이다. 셋째는 인간 두뇌 알고리즘을 모방한 인공지능 개발이다.

⑧ 노화Aging: 병치레 없는 팔팔한 노년이 최고다

노화과학은 단순한 수명 연장이 목표가 아니다. 마지막 순간까지 병치레 없이 팔팔하게 지내는 게 목표다. 노화가 왜 생기는지, 노화를 방지하는 방법은 무엇인지, 노화에 따른 질병 예방, 치료는 어떻게 하는지가 연구 대상이다. 현재 노인 인구는 전체 인구의 12.7%(2015 기준)이지만 30년 내로 24.3%까지 올라갈 것이다. 한국의 고령화 속도가 세계 최고다. 나이 든 사람들이 많아지면 무슨 일이 벌어지나? 우선 아픈 사람이 많이 생긴다. 의료비용이 증가한다. 노인들 부양비용도 많아진다. 누가 책임지나? 젊은 사람들이다. 점점 허리가 휜다. 경제적 부담이 는다. 노인들 건강비용과 함께 노인 관련 산업이 급증할 것이다. 최근에는 저출산으로 산부인과가 줄어들고 있다. 대신 노인들이 많이 앓는 병들, 주로 만성질환 환자가 급속히 늘어난다. 해당 분야 연구가 뒤를 받쳐야 한다. 해당 분야 산업 비중이 커질 것이다.

02

바이오산업: 분야와 필요 전공

Red, Green, White로 구분하는 바이오산업

길 가는 백 사람을 붙잡고 무엇이 소원이냐고 물어보면 백이면 백, 모두 같은 답을 할 것이다. 바로 '행복하게 살고 싶다'이다. 어떻게 살아야 행복하게 사는 것이냐고 한 번 더 물으면 '건강하게 오래 사는 것'이라고 말할 것이다. 그렇다. 인간 욕망 기본은 '건강 장수'다. 진시황이 불로초를 찾아서 신하 3,000명을 세계 곳곳에 보낼 정도로 사람들은 건강하게 오래 살고 싶어 한다. 여기에 한 가지를 더 추가할 일이 생겼다. 얼마 전 영화 팬들을 후끈 달군 영화가 있었다. 〈인터스텔라〉(2014, 미국)다. 지구가 더 이상 살 곳이 되지 못하자 과학자들이 다른 행성을 찾아간다는 스토리다. 먼 나라, 먼 훗날 이야기가 아니다. 이미 지구는 심한 몸살을 앓고 있다. 공장과 자동차에서 쉬지 않고 태우는 석유로 인한 지구온난화는 경고 수준을 넘어서고 있다. 그래서 사람들은 '건강 장수' 팻말에 한 글귀를 더 넣었다. '깨끗한 곳에서'. 즉 청정 지구 환경을 만들고 그 안에서 건강 장수해야 한다. 이 두 가지가 인류 희망이자 숙제다. 미래 과학과 미래 산업은 모두 이 방향으로 전진한다. 이와 다른 길을 가고 있는 회사는 미래 트렌드를 거역하는 회사이고 얼마 가지 못한다. 이 트렌드에 따르고 있는 학문을, 혹은 산업을 구상하고 있는 회사를 찾아라. 이 두 가지를 가장 잘 해결할 수 있는 것이 바이오기술, 즉 Biotechnology이다.

생명공학Biotechnology, 즉 '생명Bio 관련 현상, 물질, 지식을 이용하여 인류에게 유용한 것을 만드는 기술Technology' 분야는 세 가지 색으로 표현한다. Red(적), Green(녹), White(백)이다. Red, 붉은색은 피를 의미하며 의학, 제약, 건강에 관한 분야이다. Green, 녹색은 나무, 식물 색이며 농업, 식품, 지구환경 관련 분야다. White, 흰색은 검은색 매연이 나오는 재래식 공정 대신 청정공정인 생물공학적 제조 방법을 이야기한다. 이 세 분야에 어떤 산업이 있고 무슨 학문이 주를 이루고 실제 직업은 무엇이 있는가 알아보자.

(1) Red: 보건, 의료, 건강 분야

이 분야는 인체 건강을 다루는 분야다. 당연히 인체 질병인 노화, 암, 만성질환을 다룬다. 생명공학의 가장 큰 시장인 제약 분야도 모두 다 인체 건강을 위해 사용되는 약을 생산한다. 제약 시장은 좋은 약 하나 매출이 국내 자동차 생산량에 맞먹을 만큼 크다. 즉 잘 만든 약 하나가 '황금 알을 낳는 오리'인 셈이다. '건강하게 오래 사는 것'이 인간 소망이다. 당연히 인류 건강과 수명을 지키는 Red 분야는 불황이 없다. 즉 인류가 있는 한, 그리고 소득이 점점 높아지는 한 이 분야 필요성은 더욱 커진다. 최근에는 인간 평균 수명이 급격히 늘어났다. 백 년 전에 비하여 무려 40세가 증가해서 남자는 80세, 여자는 85세까지 산다. 그렇지만 실제로 인간 수명 자체가 늘어난 것은 아니다. 질병과 영양실조로 일찍 죽던 옛날 사람들이 의학 발달로 병을 고쳐서 더 오래 살았기 때문이다. 즉 절대 수명이 늘어난 것이 아니고 평균 수명이 늘어난 것이다.

의학, 제약, 건강 분야는 그 중심에 서있다. 당연히 생명공학에서 가장 중요한 분야다. 따라서 다양한 연구 분야와 수많은 연구 인력 및 산업체가 있다. 사람 건강을 다루는 분야지만 연구 분야와 방법이 다양해지고 있다. 인체를 컨트롤하는 중심 장기인 뇌에 대한 연구에는 점점 가속도가 붙고 있다. 인간 DNA 순서, 즉 게놈을 모두 밝혀냈다. 게놈 속 수많은 정보는 바로 그 사람 인생지도다. 이 지도를 들여다보면 그 사람이 언제 암에 걸릴지를 예측할 수 있다. 더불어 나이 들면서 기능이 떨어진 심장, 간, 콩팥 등도 이제는 자동차 부품 갈아 끼우듯 갈 날이 머지않았다. 인공장기 시대가 열리고 있다. 이 장기를 만들 때 가장 중요한 세포는 줄기세포에서 만든다. 장기 유통기한을 최대한 길게 하려면 새로운 세포로 만들어야 한다. 21세기에 시작된 줄기세포 연구가 수백 년 의학 분야에 큰 획을 긋고 있다.

Red 분야 주제: 노화, 고령, 암, 게놈, 만성질환, 줄기세포, 개인맞춤약, 뇌과학, 스트레스, 인공장기, 생명윤리, 대체의학, 항생제, 항암제, 백신, 호르몬제, 면역제제, 혈액제제, 성장인자, 유전자의약품, 세포치료제, 복제장기, 진단키트, 동물약품, 건강진단, 게놈, 대체의학, 만성질환, 비만, 안락사, 에이즈, 인공수정, 시험관아기

(2) Green: 농업, 식품, 환경 분야

감귤을 사려면 이제 굳이 먼 제주까지 가지 않아도 된다. 부산에서도 감귤 재배가 가능하다. 사과도 주산지가 경북 상주에서 강원도 평창으로 옮겨졌다. 사계절이 분명했던 한국이 점점 아열대가 되어가고 있다. 지구 온난화다. 덕분에 기상이변이 자주 생겨서 예기치 못한 기상재난으로 지구 곳곳에 물난리, 폭설, 폭염이 들쭉날쭉 심하다. 모두 산업화가 이유다. 지구가 더 이상 사람이 살 곳이 못 되어서 우주선을 타

고 다른 행성으로 이사를 해야 할지도 모른다. 아니면 영화 〈트랜센던스〉(2014, 미국)에서 보듯이 인공적인 달을 하나 만들어 띄워야 할지 모른다. 이런 지구상 녹색환경에 관한 모든 문제는 농업과 직결되어있다.

이제 90억으로 내달리고 있는 지구 곳곳의 지구인을 먹여 살릴 식량이 부족하다. 이를 해결할 방법으로 선진국 중심으로 개발된 유전자변형 작물(GMO 작물)은 아직도 찬반 논쟁이 팽팽하다. 안심하고 먹어도 될까? 제초제가 듣지 않는 유전자가 잡초로 옮겨 간다면 이제 잡초 세상이 되는 것 아닌가? 국내에도 황소개구리가 점점 늘어난다는데 이런 외래종을 마음대로 풀어놔도 되는 것인가? 슈퍼연어인 GMO 연어는 크기만 큰 것뿐이라고 안심하고 키울 수 있는 것인지 걱정된다. GMO가 걱정되는 이유가 식품으로서 건강 위험, 환경 차원에서 무분별 확산, 생태계 교란이라면 이를 넘어서 작물을 개량할 수는 없는 것인가? 화학농약을 써야만 하는가? 자연계에 존재하는 천적 관계를 이용하면 훨씬 효과적이지 않을까? 지구를 지키고 환경을 보존하고 그 안에서 지구인들의 먹거리를 확보하려는 노력은 이제 생명공학의 비약적인 발전과 더불어 한 단계 점프를 해야 할 것이다. 녹색Green 생명공학이 중요한 이유다.

Green 분야 주제: 기능성 식품, GMO, 구제역, 김치, 바이오 농약, 식품첨가물, 유기농법, 조류독감, 지구온난화, 대기수질 환경, 기능성 건강식품, 아미노산, 식품첨가물, 발효식품, 사료첨가제, 환경 처리용 미생물제제, 미생물 고정화 소재 및 설비, 바이오환경제제 및 시스템, 환경오염 측정시스템, 광우병

(3) White: 바이오에너지, 청정산업공정 분야, 의료기기, 바이오소재

지금 바로 이 순간에 지구를 움직이는 힘은 무엇일까? 태양? 아니다. 태양만으로 계속 자동차가 달릴 수는 없고 태양만으로 금방 부엌 플라스틱 그릇을 만들 수도 없다. 지구를 실제로 움직이게 하는 힘은 원유다. 원유에서 만든 휘발유로 승용차가 움직이고 등유로 보일러를 돌려서 건물이 따뜻해진다. 부엌에서 쓰는 플라스틱 그릇도 컴퓨터 자판도 모두 원유에서 나온다. 이제 그 원유 매장량이 바닥을 보이고 있다. 50년이면 바닥날 것이라고도 한다. 무엇으로 지구는 살 수 있을까? 원자력? 그것은 전기만을 만든다. 물론 전기에너지를 써서 휘발유 같은 에너지 물질을 만들 수도 있지만 비현실적이다. 무엇보다 우라늄도 지하자원이다. 쓰면 없어진다. 앞으로 지구를 움직여야 하는 것은 역시 태양이다. 석유는 만드는 시간이 수억 년 걸린다. 석유를 단시간에 만들 수 있는 방안이 필요하다. 바로 나무 같은 식물에서 석유 성분, 플라스틱 성분을 만들어내는 일이다. 석유를 바로 만들지는 못하는 태

양이지만 매년 열대림을 만들 수는 있다. 무엇보다 바다에서 미역과 바다풀을 키울 수 있다. 여기에서 석유 성분을 추출하면 된다. 이런 식물원료, 즉 '바이오매스biomass'를 가지고 자동차를 움직이고 있는 나라가 브라질이다. 풍부한 브라질 사탕수수를 바탕으로 미생물을 배양해서 알코올을 만들어 자동차를 움직인다.

이제 세계는 이 방향으로 움직이고 있다. 물론 태양열, 원자력, 풍력, 조력 등 에너지원이 있지만 석유와 같은 뿌리를 가지고 있는 '바이오에너지'가 장기적으로는 인류가 가야 할 정확한 방향이다. 당장 수익이 나지는 않는다. 하지만 새로운 에너지를 만드는 분야는 정부가 주도한다. 또한 바이오매스에서 만들어내는 석신산succinic acid 등은 생분해성 바이오플라스틱 원료로 각광을 받고 있다. 이런 신재생 에너지를 만드는 이외에도 청정공정, 즉 공해를 만들지 않는 합성 과정은 바이오공학이 가지는 장점이다. 즉 예전에는 독한 화학물질을 가지고 높은 압력, 온도에서 어떤 물질을 만들었다면 이제는 미생물이나 효소를 사용해서 고온 고압이 아닌 상온 상압에서 만들 수 있다. 즉 물과 전분 그리고 미생물만 있으면 방 안에 놔두어도 알코올이 만들어진다. 이것을 화학적으로 만들려면 잘 만들어지지도 않지만 부산물도 많이 나오는 형태가 된다. 따라서 좀 더 쉽고 확실하게 생물학적으로 만들 수 있는 방식으로 화학공장들이 진화하고 있다. 검은 매연을 내뿜으며 화학공장이 돌아갔다면 이제는 저공해, 무공해 생물공장으로 대신하는 것이 청정산업으로 가는 길이다. 검은 연기가 사라지는 화학공장이 'White Biotechnology', 즉 청정 바이오공정 상징이다.

White 분야 주제: 바이오에너지, 진단시약장치, 슈퍼 박테리아, 기능성 화장품, 해양생물자원, 자연모방기술, 생체인식, 생물무기, 바이오고분자, 산업용 효소, 바이오화장품 및 생활 화학 제품, 바이오칩, 바이오센서, 바이오정보서비스, 생체진단 기기, 생물학무기, 환경오염, 미세먼지, 미세플라스틱, 녹색산업, 바이오디젤, 바이오플라스틱, 생체인식

보건의료(Red 분야)

(1) 바이오신약

2013년 타임지 표지 인물로 등장한 안젤리나 졸리는 '바이오신약' 시대가 왔음을 알렸다. 어느 날 우연히 찾은 병원에서 검사한 결과 유방암 유전자BRCA1가 발견되었다. 어머니, 이모가 모두 유방암, 난소암(유방암과 연관)으로 사망한 가족력 때문에 미리 유방 절제 수술을 받았다. BRCA유전자는 암 억제 유전자다. 여기에 돌연변이가 생겼으니 암 발생 확률이 높아진 것이다. 또 다른 중요한 유방암 유전자는 HER-2이다. HER-2는 세포 표면에서 성장신호를 받는 안테나다. 이것이 정상보다 많아지면 세포는 비정상적으로 빨리 자란다. 빨리 자라는 세포,

그것을 암세포라 부른다. 유방암 환자에게서 HER-2가 많이 발견된다. 암 치료를 하려면 이것을 막으면 된다. 그러면 성장신호가 달라붙지 못해서 암세포가 제멋대로 못 자란다.

막는 방법은 그 안테나(수용체)에 대신 달라붙는 것을 외부에서 만들어서 주사하면 된다. 달라붙는 것은 어떤 것일까? 수용체는 단백질이다. 만약 이것을 쥐에 주사하면 어떤 일이 생길까? 자기 몸에서 만들어진 물질이 아니기 때문에 쥐 면역이 즉각 항체antibody를 만들어 달라붙어 없앤다. 즉 어떤 물질(단백질)에 달라붙는 데에는 항체가 최고다. 과학자들이 실험실에서 항체를 만들었다. 바이오 신약(항체 신약)이 태어나는 순간이었다. 유방암 원인인 HER-2 수용체에 달라붙는 항체 '허셉틴Herceptin'은 로슈 제약회사에서 만들고 있다. 1년에 6조 원의 매출을 올리고 있다. 현대 승용차 국내 총생산액과 맞먹는 금액이다. 바이오 제약을 '황금 알을 낳는 오리'라고 비유하는 이유다. 국내 바이오제약기업인 삼성 바이오로직스, 셀트리온 등이 이런 바이오신약(항체치료제)에 집중하는 이유다. 제약을 좀 더 살펴보자.

① 의약품이 화학에서 바이오로 변신 중이다

바이오 분야 중 가장 산업 비중이 높은 분야는 'Red(적색)' 분야, 즉 건강의료 분야로 60% 비중이다. 건강 장수가 인류 희망 사항인 점을 고려하면 이해되는 내용이다. 건강의료, 즉 넓게는 바이오헬스 분야

중에서도 돈이 가장 몰리는 분야는 제약 분야다. 의사가 진단, 치료하고 결국은 약으로 판매가 되기 때문이다. 제약 시장은 '빅파마Big Pharma'라 불리는 의약 대기업, 예를 들면 머크, 화이자 등이 전체 시장의 상당 부분을 차지한다. 15년 전만 해도 합성신약이 전체 제약 90%였다. 지금은 그 비율이 50:50까지 변했다. 즉 바이오의약품이 큰 폭으로 증가하고 있다. 합성의약품은 화학적 합성반응을 통해 생산하는 저분자량 의약품이다. 우리가 약국에서 사 먹는 대부분의 약이 여기에 해당한다(그림 2-3). 반면 바이오의약품은 사람 혹은 다른 동물 유래의 원료를 사용한다. 세포를 배양탱크에서 키우는 방법 등으로 생산한다. 단백질이 대부분이어서 고분자량 의약품이다. 바이오 의약품을 다시 분류해보자. 인슐린 등 유전자 재조합으로 만드는 단백질의약품, 안젤리

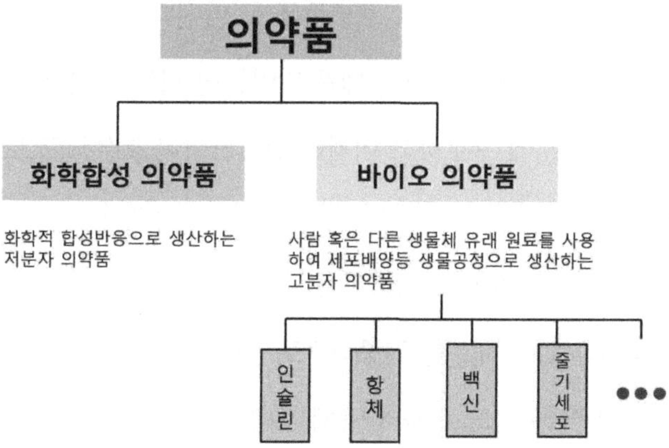

그림 2-3 **의약품 분류: 바이오의약품이 화학의약품을 앞서나가고 있다**

나 졸리 유방암 치료용으로 사용된 항체의약품, 예방주사용 백신, 그리고 유전자치료제 등등이 있다.

② 바이오신약 대표 선수는 항암제다

바이오 신약 발전 과정은 생명공학 발전과 맥을 같이한다. 바이오 신약 중에서도 항암치료제를 보면 바이오 제약이 어떤 방향으로 가는지 알 수 있다. 즉 항암제는 바이오신약 최첨단이라는 이야기다. 항암제는 암세포를 죽인다. 암 환자는 암 진단을 받은 후 수술과 항암(주사, 방사선)치료를 받는다. 항암주사를 먼저 맞아 암 크기를 줄여서 수술을 하기도 한다. 외과적 수술이 암을 없애는 가장 확실한 방법이다. 다른 곳으로 옮겨 갔을 가능성이 있거나 혹시 남아있을 암세포를 없애기 위해 항암제를 주사한다.

필자 친구는 지금도 붉은색 포도주를 못 마신다. 아니, 붉은색 음료수 모두를 못 마신다. 화학항암제를 맞았는데 하필 붉은색이었다. 그 붉은색 주사 때문에 구토하고 어지러웠던 기억이 붉은색 포도주만 봐도 떠오르기 때문이다. 그때 그 주사는 1세대 항암제다.

1세대 항암제는 화학합성된 것이 대부분이다. 작용 원리는 암세포처럼 성장하고 있는 세포를 집중적으로 죽이는 것이다. 암세포는 정상세포와 달리 빠른 속도로 자라기 때문이다. 그래서 이 항암제는 세포분열에 관계되는 부분을 목표로 한다. 예를 들면 세포분열 시 핵을 양

쪽으로 끌고 가는 단백질(방추사)을 방해하면 세포를 못 자라게 할 수 있다. 즉 암세포 성장을 막을 수 있다. 하지만 몸에는 암세포 이외에도 자라는 세포들이 있다. 모발세포, 장기껍질 상피세포, 생식세포 등이 매일 조금씩 자란다. 이런 세포들도 화학 항암제에 죽는다. 항암주사 부작용으로 머리털이 몽땅 빠지는 일을 종종 볼 수 있다. 심지어 대학 병원 근처에는 가발 상점이 있을 정도다.

2세대 항암제는 표적치료제다. 표적이란 암세포 특정 부위다. 여기를 공격하면 암세포는 죽는다. 정상세포에는 없고 암세포에만 있으면 최상이다. 하지만 암세포는 정상세포가 변해서 생긴 것이다. 암에만 있는 표적을 찾기란 쉽지는 않다. 같은 표적물질이 암세포에서 상대적으로 숫자가 많은 경우가 대부분이다. 이럴 경우 정상세포도 일부 피해를 입는다. 제일 좋은 것은 암세포에만 있는 표적을 타깃으로 하는 경우다. 암세포 표적만을 공격하는 표적항암제는 세포 전체를 대상으로 하는 1세대 항암제보다는 부작용이 적다.

표적 항암제는 모두 암세포 특정 표적을 목표로 했다. 그 표적이 단백질(효소)이라면 거기에 달라붙어 효소를 방해한다. 달라붙는 물질이 화학합성물질일 수도 있고 바이오의약품일 수도 있다. 바이오의약품 중에서도 특정 부위에 달라붙을 수 있는 것 중에는 항체antibody가 있다(그림 2-4). 항체는 외부에서 들어온 병원균(항원)에 대해 우리 몸의 면역이 만들어낸다. 병원균 표면에 있는 '명찰'(항원)이 여러 개 있으므로 인체 내 항체는 실제로는 여러 종류가 동시에 만들어진다. 항체는 특정 물질(주로 단백질)에 달라붙는 또 다른 단백질이다. Y 모양으로 생긴 이 단백질을 실험실에서 만든다. 최초 항체는 1975년에 쥐에게서 만들었다. 쥐에게서 만들려니 실제 면역처럼 여러 종류 항체는커녕 한 종류 항체를 만들기도 벅찼다. 한 종류 항체를 '단일 클론monoclonal항체'라 한다. 하나의 유전자에서 만들어진다는 의미다. 이 항체는 한 군데만 달라붙는다. 이것을 쥐에게서 만들어 뽑아 쓰다가 쥐 세포를 배양해서 만들기 시작했다. 이제 항체가 본격적으로 상용화되기 시작했다.

항체는 어떤 물질(주로 단백질)이든 면역을 일으키는 것이면 달라붙는다. 이런 성질을 이용하면 원하는 표적에 달라붙을 수 있다. 물론 그 표적이 세포 외부에 있어야 한다. 내부 물질이면 항체가 세포를 뚫고 들어갈 수 없기 때문이다. 암은 고유 표적이 주로 표면에 있다. 예를 들면 유방암 수용체(HER-2)다. 이것은 외부에서 오는 성장신호를 받아서 세포 내부로 전달한다. 세포가 자라기 시작한다. 이것이 너무 많으니 빨리 자란다. 이것을 막으면 암세포가 못 자란다. 즉 암수용체에 달라붙는 항체를 만들면 치료된다. 항체는 단백질이다. 항체 유전자에서 만

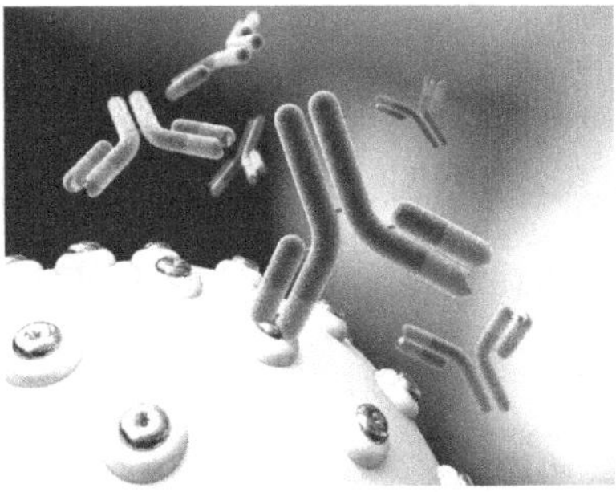

그림 2-4 **항체치료제: HER-2(단추 모양)에 항체(Y 모양)가 달라붙어 신호전달을 방해, 암을 치료한다**

들어진다. 이 항체유전자를 쥐 세포에 집어넣으면 된다. 이 쥐 세포를 배양탱크에서 키우면 항체가 생산되어 나온다. 쥐 세포 대신 인간 세포를 사용하면 항체 모양이 인간 항체와 비슷해진다. 연구 방향은 인체에서 만들어지는 항체와 똑같은 것을 만드는 것이다.

이렇게 만든 항암 항체를 계속 주사하면 암세포가 처음에는 성장을 못 한다. 물론 그동안 인체 내부에 있는 암세포 파괴용 면역세포들이 암세포를 죽인다. 그러면 치료가 된다. 하지만 암세포는 자라는 세포다. 자라다 보면 변종이 생긴다. 변종 중에 표적인 암수용체가 변한 것이 생기면 항체가 달라붙지 못한다. 즉 내성이 생기게 된다. 결국 표적치료제는 그것이 화학합성물질이든 바이오물질이든 결국은 듣지 않는 변종이 생기게 된다. 다른 세포보다 빨리 자라 변종이 잘 생기는 암세포는 항암제에 살아남을 확률이 높다. 항생제 내성균이 생기는 원리와 똑같다. 그나마 다행인 것은 암 환자 한 사람 내부에서 항암제 내성 암세포가 생겨도 다른 사람한테 옮겨 가지는 않는다는 점이다. 어쨌든 내성이 생기지 않도록 다른 방식 항암제가 필요했다. 암세포를 직접 주사로 공격하면 이놈이 꾀를 내서 도망 다니니 천적을 이용하는 방법을 떠올렸다. 바로 3세대 면역항암제다.

③ 면역항암제는 궁극적 암 치료제다

면역항암제는 면역세포로 하여금 암세포를 공격하게 하는 방법이다.

원래 암세포가 생기면 면역세포가 알아채고 구멍을 낸다. 천적이라는 의미다. 문제는 이 면역이 여러 가지 이유로 약해진 경우다. 나이가 든 경우에 제일 많다. 암이 60대 이후에 급증하는 이유다. 면역은 약해지고 세포는 비정상 행동을 하니 두 개가 맞아떨어진다. 또 스트레스를 받아도 면역이 약해진다. 실제로 정신적 스트레스를 받으면 혈액 중 방어 역할을 하는 백혈구 표면에 스트레스 호르몬에 반응하는 수용체가 늘어나서 백혈구를 약하게 만들어 염증이 생기게 된다. 이것이 오래 반복되면 변종이 생기게 된다. 이놈을 면역세포(T 세포)가 잡아주지 못하면 암세포가 자라 암 덩어리가 된다. 사정이 이러하니 면역세포를 강하게 만들어놓는 것이 최고다.

첫 번째 방법은 '관문억제제'다. 관문은 'Check Point'를 번역한 말이다. 생소한 단어지만 사실은 면역세포 브레이크다. 면역세포에는 브레이크가 달려있다. 이것이 없으면 너무 강해져서 암세포도 죽이지만 멀쩡한 자기 세포도 공격한다. 문제는 이 브레이크를 암세포도 알아채고 지그시 밟는다는 거다. 그 방법은 암세포가 발을 내밀어 브레이크 페달에 달라붙는 것이다. 암세포의 생존 전략이다. 따라서 이 브레이크를 암세포가 못 밟도록 하면 면역세포가 강해진다. 브레이크를 암세포 발이 못 달라붙게 봉해버려야 한다. 그러기 위한 최고 물질은 역시 항체다. 브레이크 페달이나 발에 항체가 껌처럼 달라붙어 미리 봉해버리는 거다. 이 껌을 '관문억제제Check Point Inhibitor'라 부른다.

이걸 만들어 주사하면 브레이크 때문에 약해졌던 면역세포가 강해진다. 펄펄 난다. 암세포를 날려버린다. 말기 피부암이던 카터 전 미국 대통령을 치료해서 더욱 유명해졌다. 이제 관문억제제는 국내 병원에서도 사용할 수 있다(그림 2-5).

두 번째 면역항암제는 암 환자 면역세포를 꺼내서 훈련시키고 재무장시켜서 들여보내는 방법을 쓴다. 암 환자는 여러 가지 이유로 면역이 약해져 있다. 암세포를 알아채서 경보를 보내는 보조면역세포와 암세포에 구멍을 내는 공격용 T세포, 둘 다 모두 비실비실한 상태다. 이것들을 꺼내서 실험실에서 강하게 만든다. 만드는 방법은 암세포와 직접 싸움을 시키는 것이다. 즉 암세포와 면역세포를 같이 넣고 며칠간 키운다. 면역세포는 암세포와 접촉을 하면서 강해지고 공격 본능이 살아난다. 무엇보다 암세포를 기억했다가 체내에 들어가면 구석구석 찾아가서 파괴한다는 점이 강점이다.

세 번째 면역항암제는 최근 연구를 시작했다. 앞의 두 면역항암제는 병원에서 사용 중이거나 임상 후기 단계, 즉 사용 직전이다. 세 번째 항암제는 둘째 항암제처럼 몸속에서 효과가 있는 면역세포를 골라내어 훈련시키는 방법이다. 다른 점이 있다면 암 소굴에 들어갔던 것을 골라낸다는 것이다. 암 소굴은 면역세포가 침투하기 어려운 환경을 미리 만들어놨다. 실제로 수많은 면역세포가 혈액 속을 돌아다니지만 암세포 덩어리 내부로 침투한 것은 많지 않다. 어떤 환자는 하나도 들

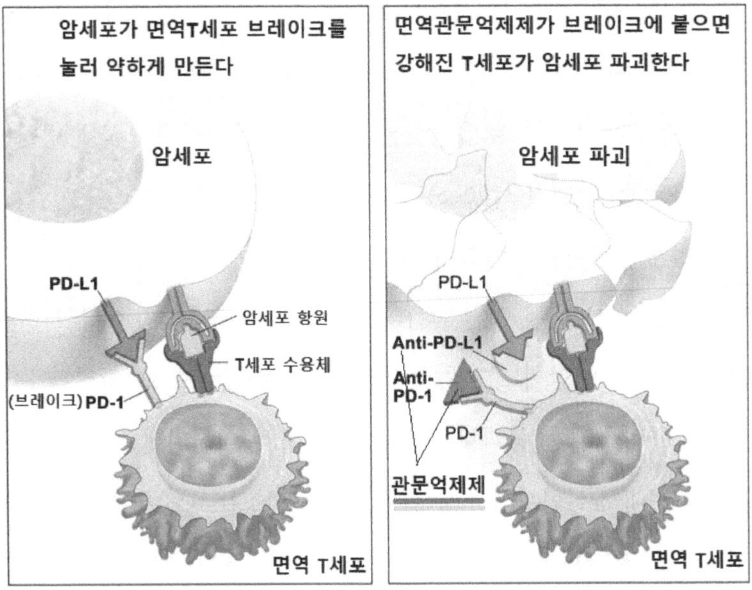

그림 2-5 **면역관문억제제 작동 원리**

어가지 못한 경우도 있다. 그러면 당연히 치료가 되지 않는다. 침투했던 것을 고르는 방법은 간단하다. 암 환자 수술 시 암 덩어리를 떼어내고 그 속에 침투한 면역세포를 분리해서 보관해놓으면 된다. 암이 재발하거나 전이되면 이때 이것들을 주사한다. 한번 암 덩어리에 들어갔던 면역세포라 쉽게 암을 찾아내서 파괴한다. 전이암은 사망률이 높은데 저승사자인 전이암도 암 소굴에 침투해본 면역세포가 잡는 것이다.

④ 유전자치료가 병 대물림을 끊을 수 있다

중세 유럽 최대 왕실 합스부르크가는 '주걱턱' 왕가다. 기형적 턱 구조로 제대로 음식을 씹지 못해 항상 병약했다. 그들은 우선 급한 대로 턱을 가렸다. 스페인 카를로스 2세는 턱수염으로, 프랑스 마리 앙투아네트는 부채로 턱을 가렸다. 이런 주걱턱뿐만 아니라 혈우병, 색맹도 유전된다. 유전병 명칭은 특이해서 일반인들에게는 병명조차 생소하다. 하지만 영화를 통해 잘 알려진 유전병도 있다. 영화 〈로렌조 오일〉(1992, 미국)은 실화를 바탕으로 만들어졌다. 5살 남자아이 '로렌조' 몸에서는 비정상 유전자 때문에 '독성 지방산'이 만들어졌다. 이것이 두뇌, 척추 신경다발 보호껍질(미엘린)을 파괴했다. 껍질이 벗겨지면 신경전기신호가 제대로 가지 않아 사지가 마비된다. 발병 2~3년 내에 사망하거나 전신 마비 상태로 5~15년 연명하기도 한다. 로렌조 부모가 찾아낸 치료제는 식용 오일(올리브, 유채)이었다. 식용 오일 성분(올레인산)을 먹이자 로렌조의 혈액 속 독성 지방산이 줄어들었다. 하지만 거기까지였고 병이 치유되지는 않았다. 아이는 평생 침대에 누워있다 사망했다. 95년 전 발견된 '로렌조 유전병'은 아직도 치료법이 없다. 다른 787종 유전병들도 마찬가지다. 증상을 늦추기만 해도 천만다행이다. 완치하려면 비정상 유전자를 고쳐야 한다. 비정상 유전자로 생기는 모든 질병은 원칙적으로 유전자치료가 된다. 여기에는 대물림과 상관없는 에이즈AIDS, 자궁경부암도 포함된다.

이 질병들은 바이러스가 세포 내로 DNA를 주입해서 발병한다. 따라서 세포 내 바이러스 DNA를 잘라버리면 된다. 유전자를 마음대로 다룰 수 있는 기술 덕분에 대물림되는 유전병도 치료되고 바이러스가 감염되어 생기는 병(AIDS, 자궁경부암)도 치료된다.

유전자치료의 목표는 두 가지다. 현재 상태를 치료하는 것과 자손에게 전달되는 것을 방지하는 것이다. 전자는 유전병 당사자만 치료하는 것이고 후자는 자자손손 정상 유전자로 살아가게 한다. 자자손손 바뀌는 사항이니만큼 조심스럽다. 당사자만 치료하는 방법은 유전병이 영향을 미치는 곳의 세포 내부에 유전자를 집어넣는다. 즉 실험실에서 만든 정상 유전자를 삽입하는데 바이러스를 사용하는 방법도 있다. 인간 세포 내에 잘 침투하는 바이러스에 정상 유전자를 끼워 넣으면 세포핵까지 들어간다. 들어간 유전자는 핵 DNA에 끼어들거나 독립적으로 있게 된다. 거기에서 만들어진 단백질이 정상 작용을 하면 유전병은 치료된다. 이때 바이러스는 인체에 해가 없는 것을 사용한다. 하지만 이 방법은 수십 년간 시

그림 2-6 **합스부르크 카를로스 2세: 그의 주걱턱은 근친혼 때문에 생긴 유전병이다**

도했으나 그리 큰 효과를 거두지 못했다. 잘 들어가지도 않았고 DNA가 어디에 삽입되는지도 분명치 않았다. 더구나 자자손손 고치려면 배아 초기 단계에서 비정상 유전자를 수정해야 하는데 이것은 더 어려운 기술이었다. 새로운 돌파구가 필요했다.

⑤ '초정밀 유전자가위'가 슈퍼 DNA 편집 시대를 열었다

새로 개발된 기술은 초정밀 유전자가위다. 이 가위는 원하는 DNA 부위에 정확히 달라붙어 염기(A, T, G, C)를 원하는 대로 바꾼다. 달라붙는 부분과 자르는 부분을 한 세트에 모아놓았다. 이 기술이 개발된 경위는 다음과 같다. 박테리아(세균)는 외부에서 들어온 DNA를 잘라버려 자기 정체성을 보호한다. 외부 침입자는 주로 바이러스다. 바이러스가 DNA를 세균 내부에 집어넣고 거기서 수를 불리게 한다. 그래서 박테리아는 외부 DNA(바이러스)가 들어오면 보유하고 있던 분해효소Caspase로 조각조각 낸다. 그리고 이 조각들을 모아놓는다. 일종의 기억 창고인 셈이다. 이런 상태에서 한번 침입했던 DNA가 또 들어오면 준비해놓았던 조각이 침입 DNA에 착 달라붙는다. 이어서 분해효소CAS가 잘라버린다. 침입했던 바이러스를 기억하고 있는 박테리아 면역인 셈이다. 이것을 발견한 과학자들이 이 원리를 이용해서 세포 내에서 원하는 DNA에 달라붙어 잘라내고 DNA를 바꾸는 기술을 만들어냈다. 초정밀유전자 기술(CRISPR/cas9)이다. 어떤 세포이든 그 안에 들어가서 핵 내 DNA의 원하는 부위에 달라붙는다. 실험실에서 미리 제작한 '새로운 DNA 조각'을 바꾸어 집어넣을 수 있다. DNA 염기(A, T, G, C) 하나까지 바꿀 수 있다. 제2 유전공학 시대가 열린 셈이다. 초정밀 유전자가위는 예전 유전공학기술과는 다르다. 1970년대에 시작된 유전공학 기술은 DNA 조각 중간만을, 즉 원하는 곳이 아닌 특정 DNA 부분만을 자를 수 있었다. 만약 그런 곳이 없다면 그 DNA는 자를 수 없다. 하지만 이제는 유전자를 마음대로 수정, 편집할 수 있는 시대가 열린 것이다. 이 기술은 생물체 DNA를 꺼내서 수정하지 않고 살아있는 세포 내에서 수정, 편집할 수 있다.

이제 유전자치료는 예전처럼 바이러스를 이용하지 않아도 된다. 실험실에서는 어느 DNA를 어떻게 바꿀 것인지 결정하고 정상 DNA가 들어있는 유전자가위 세트를 세포핵 내에 주사로 주입하면 된다. 가위가 세포 상태에서 그대로 수정, 편집할 수 있다. 유전자치료는 이제 환자를 치료하는 단계를 넘어 자자손손 치료하는 방법을 모색 중이다. 즉 배아 단계에서 DNA를 수정하려 한다. 이러면 체세포도 생식세포도 변한다. 즉 배아에서 태어난 아기는 완전 정상 DNA를 가진 유전자를 가지게 된다. 아기는 물론 정자, 난자도 정상 유전자를 가질 수 있다. 하지만 배아 단계에서 DNA를 수정하는 일은 많은 윤리적 문제를 일으킨다. 인간 자체를 바꿀 수 있기 때문이다. 치명적인 유전자는 치료해야 한다. 하지만 치료와 개선의 경계는 때로는 모호하다. 몸이 안

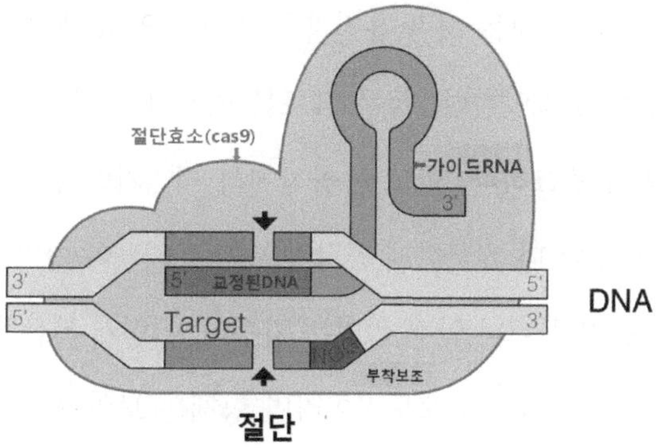

그림 2-7 **초정밀 유전자가위: 원하는 부위에 달라붙어 ATGC를 한 개 단위로 편집할 수 있다**

움직이는 병을 치료하다 보면 몸이 더 잘 움직이는 방법이 코앞에 있게 마련이다. 인간을 개조할 수 있다는 유혹이 늘 존재하는 것이다.

⑥ 다양한 바이오 신약 개발 필요 대학 전공

많은 사람들이 묻는다. "실제로 항체치료제는 어떻게 만드나요?" 그동안 아스피린은 화학합성으로 만들었다. 하지만 바이오의약품은 다르다. 항체를 예로 보자. 항체는 인체를 포함한 포유류에서 면역이 작동하면 면역세포(B세포)가 만든다. 유방암 환자에서 과도하게 생성되는 암세포 수용체(HER-2)에 달라붙는 항체를 만들려면 항체를 생산하는 세포를 배양하면 된다. 현재 사용하는 세포는 쥐 세포, 즉 동물 세포다. 이 세포도 맥주 만드는 효모처럼 큰 탱크에서 키운다. 1~2주 동안 키우고 세포를 수거해서 이후 세포 내부에 있는 항체(단백질)를 분리해낸다. 항체유전자는 사람 유전자를 쓰면 제일 좋다. 이것을 쥐 유전자에 삽입해서 배양한다. 동물 세포를 키우자니 비용이 많이 들고 정교한 작업이 필요하다. 반도체 공장에서 머리카락 한 올도 들어가면 안 되는 것보다 더 깨끗하게 공장 내부가 유지돼야 한다. 더구나 인체에 주사하는 약품이니 안전 관리는 필수다. 이렇게 복잡하고 정교한 것이 항체다. 아스피린이 오토바이라면 항체는 보잉747 항공기 수준이다. 크기도 크지만 만드는 과정과 비용에서 차이가 난다. 항체에 비해 당뇨병 치료제인 인슐린은 훨씬 얻기 쉽다. 인슐린은 원래 돼지 췌장에서 분리해서 사용했다. 유전공학이 발달되면서 인슐린 유전자를 잘라내서 효모에 삽입하고 효모를 맥주 만들듯 키울 수 있게 되었다. 당연히 가격이 저렴하다. 즉 동물 세포를 키울 것인지, 아니면 효모나 대장균을 키워서 만들 것인지가 중요 변수다. 효모에서 키울 수 있다면, 그리고 제대로 효능이 나온다면 그것이 더 저렴한 방식일 것이다. 하지만 항체는 구조가 복잡해서 효모에서는 못 만든다.

이러한 바이오신약에 관련된 전공은 크게 기초 부문과 응용(생산) 부문으로 나뉜다. 다시 항체신약을 예로 보자. 암이 어떻게 생기는가, 어떤 신호경로를 따라 암이 움직이는가를 연구하는 기초과학자가 있어야 한다. 화학과에서도, 생명공학과에서도, 생물학과에서도 이 부분을 전공할 수 있다. 의대와 약대는 이 정도는 기본으로 한다고 보면 된다. 이른바 '신호전달'이란 분야다. 다시 말하면 어떤 대학, 어떤 학과이든 신호전달 관련 분야를 가르칠 수 있다면, 그 과를 졸업하면 적어도 신약 개발 기초 분야를 담당할 수 있다는 의미다. 물론 유방암을 실제로 치료하는 의사도 있어야 치료 결과가 어떤지를 알 수 있다. 처음 단계에서는 단백질 구조를 알아야 어떻게 수용체에 달라붙는지를 예측할 수 있다. 단백질 구조를 연구하는 사람, 컴퓨터로 단백질 정보를 3D로 만드는 사람, 거기에 맞는 약을 합성하는 사람 등 실로 다양한 분야 연구자가 필요하다.

신약 필요 분야는 기초 분야에서도 게놈, 단백질 등 대부분의 분야가 제약에 관련되어있다. 신약이 아이디어에서 상용화되기까지는 평균 6000억의 비용과 14.5년의 개발 기간이 필요하다. 먼저 실험실 단계 연구는 기초연구가 대부분이다. 이후 임상 단계에 들어서면 임상 분야 전문가가 필요하다. 의료진과 임상 조건, 허가 방법 등을 관리해야 한다. 이것은 긴 과정이고 5%만이 임상 단계를 통과한다. 임상은 동물 임상, 사람 대상 임상 1, 2, 3기를 거치게 된다. 임상 단계에서는 실험군(사람, 환자) 숫자가 늘어난다. 물론 대조군, 즉 치료제를 사용하지 않은 그룹도 포함되어야 한다. 임상 결과를 해석하는 임상통계학도 중요한 분야다. 이렇게 나온 결과를 정부 허가기관이 판단해서 신약을 허가할지를 결정한다. 미국, 유럽, 한국 등 각 지역마다 별도 허가를 받아야 되는 경우가 대부분이다.

허가가 되면 이제는 대량 생산이다. 생산 분야를 보자. 동물 세포가 어떤 배양 조건에서 최대로 항체를 만들어내는지, 배양탱크는 크기가 얼마나 돼야 하는지를 계산할 수 있어야 한다. 여기에는 공대에서 배양 공정을 연구한 사람이 제격이다. 실제로 항체단백질을 분리하는 과정에서는 99.99%의 단백질 순도가 유지되어야 한다. 공정, 특히 분리를 전공한 사람이 필요한 이유다. 배양 공장은 반도체 공장 수준에서 설계, 운영된다. 이렇게 바이오 의약품은 기초와 응용 분야 모두가 필요하다. 바이오의약품 분야는 시장도 크고 필요한 학문 분야도 넓고 할 일이 무궁무진하다. 한마디로 바이오산업 핵심 분야다.

(2) 줄기세포, 인공장기, 인공난자

① 인공장기 맞춤형 시대가 열렸다

영화 〈마이 시스터즈 키퍼〉(2008, 미국)는 사람 눈물을 쏙 빼는 영화다. 더구나 실화를 바탕으로 만들어졌다 하니 더욱 애절하다. 2002년 영국 런던에서의 일이다. 딸을 하나 둔 부모가 있다. 하지만 딸은 백혈병이다. 유일한 해결법은 골수 기증을 받는 것이다. 골수 기증은 면역적합성도 맞아야 하지만 주는 사람도 힘들다. 골반에 구멍을 내서 척수 속에 있는 모혈줄기세포를 이식받아야 하기 때문이다. 면역적합성이 제일 잘 맞는 사람은 물론 가족이다. 영화에서 부모는 딸을 위해 가족, 즉 또 다른 자식을 낳을 생각을 한다.

새로운 자식은 정상임신이 아닌 시험관아기로 낳으려 한다. 왜냐하면 시험관아기는 정상임신과 달리 유전자검사가 허용되기 때문이다. 부모는 이 검사를 통해 딸아이에게 맞는 배아를 고르려 하는 것이다. 하지만 배아 선별은 영국에서는 불법이다.

그래서 부모는 뉴욕으로 임시로 이사를 하고 그곳에서 시험관아기 방법으로 둘째 딸을 얻는다. 둘째 딸은 언니 골수를 공급하기 위해 태어난 셈이다. 이후 둘째 딸은 언니의 인체 부품 창고가 되었다. 그래도 영화 속에서 둘은 뗄 수 없는 사이좋은 자매다. 그런데 어느 날 돌연 둘째 딸이 부모를 고소한다. "나는 더 이상 언니의 공급 창고 역할을 안 하겠다." 사이좋은 자매에게 무슨 일이 있었던 걸까? 실상은 이렇다. 언니는 더 이상 가망이 없다는 것을 알자 동생을 설득한다. "너는 살아야 한다. 네가 못 한다고 해야 부모가 날 놔줄 것 같다." 이 사실을 알게 된 부모는 두 아이를 데리고 평소 가보고 싶었던 해변으로 간다. 영화가 잔잔하게 끝난다. 이 영화는 과학이 어디까지 가야 하는가를 이야기하려 한다. 바로 인공장기 문제다.

내 신장이 망가진다면 나에게는 무슨 대책이 있을까? 5가지가 있다. 먼저 현재 병원에서 사용하고 있는 신장투석이다. 기계적으로 핏속 노폐물을 막을 통해 걸러 낸다. 주사를 너무 자주 혈관에 꽂아서 점점 꽂기가 힘들어질 정도로 괴로운 과정이다. 둘째는 타인 장기를 기증받는 것이다. 물론 면역적합성을 따진다. 세포 외곽에 있는 면역물질(인체 백혈구 항원: HLA, Human Leucocyte Antigen) 검사를 통해 맞는 사람을 고른다. 한국은 가족 간 장기이식이 가장 많은 나라다. 그만큼 끈끈한 정이 있어서 좋기도 하지만 그만큼 타인에게 폐쇄적이란 말도 된다. 그래서 장기수급 상황은 수요보다 공급이 크게 부족하다. 몇 년을 기다리다 사망하는 경우도 많다. 부족한 만큼 장기를 밀매하는 부작용도 발생한다. 심지어 납치해서 장기를 적출하는 엽기적인 사건도 보고된다. 그만큼 절실하다.

셋째 방식은 줄기세포치료제다. 줄기세포를 장기가 고장 난 부위에 주사하고 원하는 세포로 변화시키는 방법이다. 척추 절단 환자라면 해당 부위에 줄기세포를 주사하고 줄기세포가 척추신경세포로 변하게 만들면 성공이다. 췌장의 경우 일부 성공적인 사례가 보고된다. 즉 췌장 내에서 인슐린을 만드는 베타세포를 줄기세포로 만든다. 이 세포를 고장 난 췌장에 주입한다. 본인 줄기세포로 만들면 최고다. 하지만 매번 환자에게서 줄기세포를 채취해서 만들기보다는 표준형으로 만들어 놓고 사용하는 경우도 많다. 양복을 맞출 때 개인 몸에 맞추는 맞춤형도 있지만 기성복도 있는 것과 유사하다. 공용 줄기세포의 경우, 면역거부가 생기지 않도록 면역억제제를 동시에 사용하기도 한다. 췌장의 경우 주입한 줄기세포를 막으로 둘러싸서 면역거부반응이 생기지 않게도 한다.

네 번째 방법은 돼지 장기를 사용하는 방법이다. 인간과 종이 달라서 '이종異種장기'라고도 불린다. 국내에서도 활발하게 연구되고 있다. '미니'돼지 장기가 사람 장기와 크기가 비슷하다. 또 돼지는 인체와 장기 특성이 유사하고 기르기 쉽고 비용이 저렴하다. 원숭이보다 나은 이유다. 하지만 인간과는 다른 종이라 여러 가지 넘어야 할 산이 있다. 먼저 면역거부다. 해결책은 면역특성 유전자를 미리 제거한 돼지를 키우는 것이다. 즉 돼지 수정 단계에서 면역유전자를 제거한 난자와 정자를 사용한다. 태어난 미니돼지는 나중에 그 장기를 인체에 삽입해도 면역거부가 없다. 하지만 돼지가 원래 가지고 있던 내재성 바이러스, 즉 돼지 세포 내에 내재되어있는 바이러스를 확인하고 제거해서 안전한 장기를 공급하는 문제가 남아있다.

다섯 번째 대안은 3D프린팅 장기다. 3D프린팅이 4차 산업혁명 중요 기기로 태어나면서 인체 장기를 3D프린팅하려는 연구가 진행 중이

그림 2-8 **인공장기: 3D프린팅을 하면 젤 내부 줄기세포가 분화해서 원하는 장기가 된다**

다. 원리는 간단하다. 줄기세포와 젤리 타입 물질을 섞어서 3D로 프린팅한다. 예를 들어 신장 모양을 만드는 것은 쉽다. 문제는 그 안에 포함되어있는 줄기세포가 신장세포로 변신, 즉 분화해야 한다. 이 부분이 확실해야 제대로 된 신장이 만들어진다. 또한 장기 사이를 흐르는 혈관도 완성해야 한다. 혈관이 만들어지지 않으면 세포가 영양분을 받을 수가 없다. 이렇듯 3D프린팅 장기는 넘어야 할 산이 많다.

② 피부에서 만드는 난자와 정자

국내 10%의 남녀가 불임 상태다. 이들은 시험관 아기나 인공수정을 시도한다. 시험관 아기는 난자와 정자를 각각 채취해서 시험관에서 수정시킨다. 이후 수정란을 착상시키는 방법이다. 인공수정은 난자 배란을 유도하고 채취한 정자를 주입하여 수정시킨다. 두 방법 모두 안전하게 태아를 얻을 수 있어, 난자와 정자가 정상이지만 체내에서 수정이 안 될 경우에 사용된다. 하지만 난자나 정자가 아예 작동 불능인 경우가 있다. 이 경우는 아이를 가질 수 없다. 그래서 최근 피부세포에서 인공정자와 난자를 만들었다. 즉 피부세포를 역분화시켜 '역분화 줄기세포'로 만든 후 이를 정자, 난자로 다시 분화시켜 만들었다. 일부 과정은 아직 완전치 않아서 실험실 대신 난소에서 마지막 단계(성숙 과정)를 완성했다. 현재 쥐를 대상으로 실험에 성공했다. 이 정자, 난자를 이용해서 새끼 쥐를 낳았고 또 이들이 다시 정상적으로 새끼들을 낳았다. 임신과 출산에 관한 한 동물 간에 근본적인 차이는 없다고 가정하면 인간에게 이 기술을 적용하는 것은 시간문제다. 이 기술은 불임 부부에게 본인들 자식을 낳을 수 있는 기회를 준다. 하지만 기술 성공 여부를 떠나 심각한 윤리적 논란을 야기할 수 있다. 본인 피부로 정자, 난자를 모두 만들 수 있으므로 부모 없이도 아이가 태어난다는 이야기다. 또 '오바마' 허락 없이 그의 머리카락만 있어도 누구나 오바마의 후손을 만들 수 있다는 이야기다. 사회의 전통적 구조가 깨지는 직접적인 계기가 될 수 있다. 대중의 지지를 받아야 과학도 자라난다. 바이오 과학이 심각하게 고민해야 하는 문제 중 하나다.

③ 줄기세포, 인공장기 해당 전공: 기초와 응용 바이오

줄기세포, 인공장기 분야는 생명공학, 재료, 기계, 동물이 복합된 분야다. 줄기세포는 생명공학의 핵심 분야다. 분자생물학, 세포생물학, 면역학 등 생명공학 기초학문과 줄기세포 분리 기술, 대량배양 기술 등 응용 분야가 필요하다. 인공장기는 면역 관계, 장기에 적합한 생체 재료 전공이 요구된다. 3D프린팅은 인체 장기 골격 등의 디자인 및 기계적인 설계와 더불어 줄기세포가 원하는 세포로 변하게 하는 분화 기술 등이 중요하다.

(3) 바이러스와 슈퍼내성균

① 다가오는 바이러스 폭풍

알래스카 한 도시 공동묘지에 삽을 든 사람들이 나타났다. 이들은 망설임 없이 한 묘지를 파헤쳤다. 젊은 여인의 시신에서 샘플을 채취한 이들은 지체 없이 미 육군 연구소로 날아갔다. 그 샘플에서 바이러스 DNA를 찾아내고 이로부터 바이러스를 부활시켰다. 그 이름은 '인플루엔자'다. 1918년 유럽에서 5000만 명 사망, 한국에서는 700만 명 감염, 14만 명을 사망시킨 바이러스다. 당시는 무슨 병인지도 몰랐다. 당시 사망자가 얼음 상태로 알래스카에 남아있음을 알고 50여 년이 지난 후에 한 연구자가 그곳을 방문한 것이다. 이 인플루엔자가 세상을 덮치고 있다. 홍콩독감, 돼지독감, 신종플루, 조류독감 등 갖가지 이름으로 유행하여 수십만 사상자를 낸다. 이 바이러스는 사람뿐 아니라 동물(돼지, 조류)도 감염시킨다. 아직 공통적으로 감염시키는 사례는 보고되지 않았지만 조류독감이 유행하면 사람들도 사망한다. 물론 동물과 사람 사이에 직접 전염되지는 않는다. 하지만 돼지와 사람을, 닭과 사람을 각각 감염시키는 바이러스가 닭에서, 돼지에서 재조합되어 만들어질 수 있다. 이 경우 세상은 대재앙을 만난다.

바이러스가 주기적으로 그 강도를 더해가고 있다. 하지만 이에 대한 대비는 아직 미미하다. 왜 더 자주, 더 독한 놈들이 나타날까? 전문가들은 크게 3가지를 원인으로 꼽는다. 하나는 바이러스가 주로 살던 야

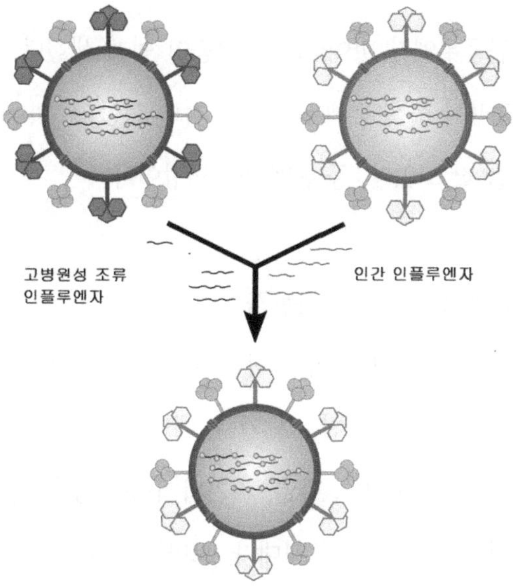

그림 2-9 **바이러스 신종 출현: 서로 다른 두 종류의 바이러스가 숙주 내에서 섞여 신종이 나올 수 있다**

생동물 서식지가 자꾸 줄어든다는 점이다. 밀림 축소가 대표적이다. 더 이상 머물 곳이 없어서 튀어나온다는 설이다. 둘째는 가축과의 빈번한 접촉이다. 가축은 야생동물과 인간을 연결시킨다. 중국에서는 집에서 소, 돼지, 닭을 키우기도 한다. 이들이 사람과 접촉이 잦다는 이야기다. 야생동물에 머물던 바이러스가 가축을 통해 인간에게 옮아온다. 셋째는 지구가 하루 생활권이 되었다는 점이다. 예전에는 한 곳에서 일어난 바이러스가 다른 나라로 옮겨 가기는 쉽지 않았다. 이제는 한나절이면 비행기를 타고 먼 유럽까지 날아간다. 세 가지 요인으로 바이러스 대폭풍이 몰아칠 거라는 예상이다. 하지만 현재 특별한 대비

책은 없다. 인플루엔자 바이러스는 변종이 쉽게 생긴다. 매년 유행하는 종류가 달라서 확실한 백신을 만들기도 힘들다. 과학자들은 변종 사이 공통점을 찾고 있다. 공통 백신이 희망이다.

② 모기 우습게 보다가 큰코다치는 중

세상에서 사람을 가장 많이 죽이는 동물은 무엇일까? 악어, 사자? 아니다. 2위는 사람이다. 1위는 모기다. 매년 70만 명이 말라리아로 죽어간다. 말라리아 이외에도 황열, 지카바이러스 등을 특정 모기가 옮긴다. 열대 지방이 모기 활동 지대다. 브라질 정부는 고육책을 쓰기로 했다. 영국이 만든 '내시모기'를 사용할까 망설이는 중이다. 내시모기란 수모기를 유전적으로 거세시켜 내시모기로 만든 것이다. 이 모기와 짝짓기를 하면 태어난 모기는 성체가 되지 못하고 죽는다. 영국 옥시텍 회사가 만든 이 모기는 유전자변형GM 모기다. 영국은 태평양 한 섬에 이 모기를 풀어서 말라리아 암모기가 85~95% 감소됨을 확인했다. 또한 다른 종에는 큰 영향이 없었다. 브라질 정부는 열대우림 지역에서 모기로 많은 사상자가 발생하자 이 내시모기 살포를 승인했다. 모기가 극성을 떠는 플로리다 남부 도시에서도 이 모기 사용을 승인했지만 아직 대대적으로 살포되지는 않았다. 실험 결과 안전하다고 밝혀졌지만 여전히 환경 문제에서는 장담할 수 없기 때문이다.

말라리아모기는 수천 종 모기 중에서 한 종류다. 말라리아모기만 사라진다면 문제가 해결될까? 그 모기를 이용하던 말라리아 원충이나 다른 바이러스도 사라질까? 과학자들은 이놈들이 다른 숙주 생물을 찾아 이동할 거라고 생각한다. 생태 문제가 쉽지 않은 이유다. 이런 가운데 과학자들이 한 종을 모두 말살시킬 수 있는 방안을 개발 중이다. 유전자 드라이브Gene Drive라 부르는 이 방안은 만나는 상대 짝 염색체에 외래 유전자를 자동적으로 끼워 넣을 수 있게 한다. 외래 유전자는 내시 유전자다. 덕분에 기하급수적으로 내시 숫자가 늘어난다. 내시 다음 세대에 한 종이 말살될 수 있다. 따라서 생태계를 심각하게 위협하는 기술이다. 이 내시 유전자가 다른 종, 다른 동물에 옮겨가지 않는다는 보장이 있는 것도 아니다. 이렇게 생태계는 인간이 접근해서 특별한 조치를 하기 힘든 야생이다. 따라서 자연의 흐름에 맡기는 경우가 대부분이다. 자연은 자연 그대로 놔두는 것이 가장 자연스러운 방법이란 이야기다. 이런 맥락에서 생태계의 인위적인 조절은, 그것이 비록 말라리아모기를 퇴치하기 위한 고육책이라 해도 조심스럽다. 현명한 판단과 규제에 대한 논의가 필요한 상황이다.

③ 슈퍼내성균에 쓸 항생제가 없다

페니실린을 처음 발견한 플레밍은 노벨상은 수상하는 자리에서 페니실린에 내성이 있는 균이 곧 출현할 것이라 예언했다. 예언은 적중했다. 새로운 항생제를 만들어내는 즉시 수년 내에 이 항생제에 저항성을 가진 균이 생겨났다. 왜 저항성 균이 생기나? 전문가들은 새로 생긴다기보다는 흙 속에 있던 저항성 균이 늘어난 것뿐이라 한다. 항생제는 흙 속 미생물들이 상대방을 공격하기 위해 내뿜는 공격 무기다. 상대 미생물은 당연히 이에 대항하는 분해 유전자를 가지고 있을 것이다. 페니실린 분해균도 페니실린 생산균 근처에 있었을 거라는 이야기다. 그렇지 않았다면 세상은 페니실린 생산균으로 뒤덮였을 것이다. 문제는 페니실린을 많이 사용하니 페니실린 분해균이 상대적으로 더 많아진다는 것뿐이다.

가축용 사료에 항생제를 집어넣으면 가축의 설사가 방지되어 성장이 잘된다. 이런 이유로 지금까지 가축은 항생제를 계속 먹었다. 그러나 항생제 남용은 가축 장내에 이 항생제에 대한 내성균이 생기게 만든다. 또한 그런 고기를 먹은 사람들은 항생제를 먹은 꼴이 된다. 그 사람의 대장에는 그 항생제 내성균이 상대적으로 많아지게 된다. 문제는 고기가 아니라 사람이다. 병원균을 죽일 항생제가 더 이상 없는 것이다. 게다가 한 병원균 내에 여러 개의 항생제 내성 유전자가 들어있는 슈퍼내성균이 발견되었다. 임질균 대부분은 현재 사용 가능한 항생제가 한두 개밖에 없다. 재수 없이 이런 균에 감염되면 목숨이 왔다 갔다 한다. 노벨상 수상자 50명은 인간이 멸망할 원인 중에 핵전쟁, 기후변화에 이어 바이러스와 항생제 내성균을 꼽았다. 그만큼 항생제 내성균 문제는 심각하다.

과학자들은 무엇을 하고 있나? 전 세계 제약회사들이 신규 항생제 개발에 신경을 안 쓴다. 수천억을 들여서 새로운 항생제를 만들어도 곧 저항성 균이 생긴다. 무엇보다 신규 항생제가 제대로 작용해서 그 균이 죽으면 장사가 더 이상 안 된다. 한번 효과 있으면 끝나는 항생제 시장보다 계속 사용하게 되는 당뇨 치료제, 항암제가 훨씬 돈이 많이 벌린다. 한편 과학자들은 흙 속에서 항생제를 분리하는 전통적인 방법에서 탈피해서 새로운 접근을 하고 있다. 예를 들면 땅속 미생물 90%가 실험실에서는 배양이 안 된다. 따라서 배양으로 항생제를 만들 수 없었다. 그러나 이제는 가능하다. 땅속에 숨어있는 균의 DNA를 읽는 것이다. 그 속에서 항생제 유전자를 찾고 그 코드에 따라 다른 균을 이용하여 바로 그 항생제를 만든다. 즉 DNA 정보에서 항생제를 만든다.

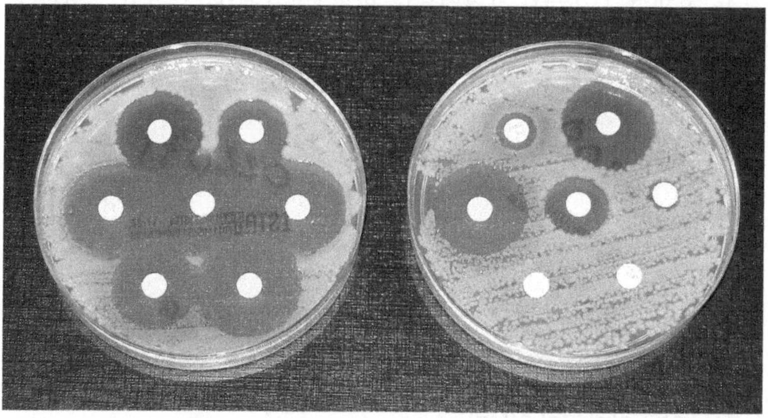

그림 2-10 **항생제 슈퍼내성균: 왼쪽 균은 7가지 항생제에 모두 죽어서 투명해지지만 오른쪽 내성균은 4가지 항생제가 듣지 않는다**

물론 새로운 항생제가 나왔다 해도 이를 무력화하는 내성균은 나오게 되어있다. 과학자들은 이런 근본적인 어려움을 넘어설 획기적인 연구를 기대하고 있다.

④ 바이러스, 슈퍼내성균, 병원체 관련 대학 전공

병원성 균에 대한 기초 지식이 절대적이다. 또한 병원성 균이 어떤 환경에서 퍼질 수 있는가를 연구하고 이를 예방하는 예방의학, 면역은 어떻게 생기는가를 다루고 백신을 만드는 면역학 등이 요구된다. 항생제 내성균 연구는 DNA를 읽어서 내성균을 분리, 확인하는 수준까지 와있다. 모기를 비롯한 해충에 의한 바이러스 전파를 연구하는 데는 생물체 면역, 염증 방어 기능, 생태 내에서 모기의 활동 방식 등을 다루는 생태학이 중요한 몫을 한다. 항생제를 만드는 과학적 지식은 분자생물학이 근간이다.

농림 및 환경(Green 분야)

(1) 농림, 축산, 식품 분야

① 식량은 이제 국가 안보다

식량은 인류 진화 원동력이다. 인류는 나무에서 내려와 벌판에 살면서 사냥하고 열매를 따 먹던 수렵-채취 시기를 지나 자리를 잡고 모여 살기 시작했다. 물이 있는 강가에 모여 살면서 주위 식물을 기르기 시작했다. 농업의 시작이다. 지나가는 늑대를, 버펄로를 키우기 시작했다. 가축의 시작이다. 농업은 국가의 틀이 되었다. 먹을 것을 주는 이가 임금이 되었다. 제대로 먹이지 못하는 임금들은 폭동으로 밀려 나갔다. 식량은 민심이다. 이런 사정은 지금도 마찬가지다. 지구 인구는 현재 70억, 2050년이면 90억에 도달한다. 현재 식량 1.7배를 생산하지 않고는 모조리 굶어 죽을 판이다. 예전 방식은 한계가 있다. 새로운 기술이 필요하다. 하늘에 의존하는 재래식 농업보다는 수경재배, 분자농업 등 고효율, 고수확, 첨단 농업기술이 필요하다. 국내 기술은 아직 선진국의 50% 수준이다.

국토가 좁고 산이 많은 한반도에서 농업은 IT 등 첨단산업에 밀려 있다. 하지만 식량 확보의 중요성은 비상시에 나타난다. 전쟁 상태가 되면 각국은 독자적으로 식량을 확보해야 한다. 식량이 확보되지 않으면 금방 두 손을 든다. 한국은 식량 자족 비율이 26%다. 부족한 식량을 확보하기 위한 농업정책이 절실하다. 세계 각국도 식량 확보를 위한 전쟁에 돌입했다. 미국은 지금 세계 최강 국가다. 무엇이 최강국으로 만들었을까? 식량이다. 끝이 보이지 않는 벌판에 심은 콩과 옥수수다. 오래전 넓은 평야에 조직적으로 수로를 건설했다. 옥수수에 물을 자동 공급하는 기술을 사용하고 기계를 사용해서 대규모로 농업을 시작했다. 옥수수, 콩은 소를 키우는 좋은 사료가 되었다. 그렇게 옥수수와 고기는 미국의 기본 식량이 되었다. 그리고 예로부터 먹을 것을 쥐고 있는 자가 왕이 되었듯이, 미국도 최강 국가가 되었다. 미국은 남는 식량을 수출하기 시작했다. 기술과 수출로 벌어들인 돈을 과학에 투자했다. 트랜지스터, 반도체칩, 컴퓨터 등을 만드는 기술을 뒷받침하는 돈은 모두 옥수수에서 나왔다. 미국은 농업을 한 단계 업그레이드시켰다. 유전공학 기술을 접목해서 새로운 품종들을 만들고 그 종자를 독점하기 시작했다. 총 없는 전쟁, 종자 전쟁이 진행 중이다.

② GM 작물은 이미 세계를 뒤덮고 있다

미국은 전 세계를 상대로 유전자변형Genetically Modified, GM 식물을 주도하며 농업 분야를 앞서 나간다. GM 식물은 생산되기 시작한 지 30년이 지나가고 있지만 소비자들의 불안은 여전하다. 이런 추세는 당분간 계속될 전망이다. GM 작물에 연관된 정치, 사회 문제와는 달리 작물 연구는 지속되고 있다. 지금 세계에서 생산되는 콩 90%, 옥수수 75%가 GM 곡물이다. 농업의 핵심은 육종, 즉 종자 개량이다. 비가 안 와도, 땅이 소금밭이어도, 해충이 들이닥쳐도, 풍년을 이루는 곡물을 만드는 육종이 농업 연구의 핵심이다. 지금까지는 전통적인 육종 방법에 의존했다. 인위적인 교배를 통해 잡종 중에서 강한 것을 고르는 방식, 혹은 방사선이나 화학물질을 통한 돌연변이 유발 방법, 식물을 원형질체 상태에서 세포융합하는 방식을 사용해왔다. 이후 유전자조합 시대가 식물에도 열렸다. 제초제를 분해하는 유전자를 콩에 삽입했다. 이 콩은 제초제에도 끄떡없었다. 덕분에 잡초 제거가 쉬워졌다. GM 콩의 시작이다. 외래 유전자를 집어넣은 GM 작물이 줄을 이었다. 해충 저항성 유전자를 가진 목화, 비타민 A가 포함된 황금빛 쌀 등이다. 지금까지 상업화된 GM 식품은 대두, 옥수수, 카놀라, 면화, 가지, 토마토 등이며 제초제 저항성, 해충 저항성, 바이러스 저항성, 가뭄 내성, 숙성 지연, 색깔 변화 등을 목적으로 만들어졌다. 현재 개발 진행 중인 GM 식물의 특성은 항암물질 생산, 저지방 오일, 갈변 방지, 저온 내성, 리그닌 감소, 비타민 A 함유 등이다. 앞으로 유망한 분야는 고효율 질소고정, 고온 내성, 염분 저항성, 저산소 내성 특성을 가진 작물을 만드는 일이다.

GM 식품에 대한 안전성 문제가 제기되었다. 인체 안전성 이외에 환경 안전성을 문제 삼는다. GM 찬성과 반대, 양측은 아직 평행선이다. 지금 GM 식품은 주로 사료용으로 쓰이고 식품인 경우 표시를 해야 하는 단계다. 최근 기술은 한 단계 업그레이드되었다. 유전자 편집기

그림 2-11 **식물 육종: 초정밀 유전자가위 기술로 식물 자체에 있던 유전자 기능을 향상시킨다**

술CRISPR/cas9을 사용해서 외래 유전자를 삽입하지 않고 작물 성능을 높인다. 외래 유전자 삽입 대신 가위가 세포 내에서 유전자를 원하는 순서로 염기ATGC 하나하나씩 편집한다. 예전에 실시하던 돌연변이 유발을 더 정밀하게 하는 셈이다. 해충 저항성 유전자를 다른 생물, 예를 들면 박테리아에서 꺼내서 벼에 집어넣지 않는다. 그 대신 벼가 원래 가지고 있던 해충 저항성 유전자가 작동하도록 유전자편집 방법을 쓴다. 이 방법은 외래 유전자를 집어넣는 방식보다는 유해 가능성이 적다고 판단한다. 하지만 아직 작물 유해성에 대한 연구는 제대로 시작되지 않았다. 집어넣은 유전자가위 세트가 어떤 효과를 낼지 확인해야 한다. 안전을 걱정하는 그룹에서는 유전자가위로 변화시킨 곡물도 GM 곡물과 크게 다르지 않을 것이라고 주장한다. 인위적으로 편집했다는 공통점이 있다. 편집 결과는 결국 DNA 변이다. 전통육종도 결국은 DNA 변이와 선발이다. 정작 문제는 전통육종이든 유전자편집이든 새로운 작물이 생태계에 어떤 영향을 줄 것인가이다. 새로운 작물은 어떤 식으로든 영향을 준다. 환경영향평가가 중요한 이유다.

농업 관련 연구 분야

- **종자산업**: 이 산업은 계속 증가하고 있는 농업 핵심 분야다. 씨가 없이는 농업을 할 수가 없다. 씨를 독점하면 이어지는 생산물 시장을 좌지우지할 수 있다. 미국이 GM 식물로 이 시장을 선점하고 있다. 게다가 한번 사용하면 계속 쓸 수 없게 만든 종자가 증가하는 추세다. 매년 종자를 사야 한다는 이야기다.
- **분자육종산업**: 식물 개량에 필수적인 기술들이다. 생물공학에 쓰이는 모든 첨단기술들이 식물에 쓰인다. 게다가 정해진 환경에서 키우는 것이 아니고 변화하는 육지에서 키우는 기술이 필요하다.
- **분자농업**: 식물은 단순히 고구마, 감자만을 생산하지 않는다. 식물에 필요한 유전자를 삽입해서 호르몬, 의약용 물질 등 고가 생산품을 만들 수 있다. 인슐린, 항염증 식품첨가제, 충치 예방약, 치주염 약, 인터페론 등을 식물에서 만들려 하고 있다. 이 분자농업은 첨단기술이 필요한 분야다. 식물을 직접 야외에서 재배하기도 하지만 식물 세포 형태로 배양기에서 키우는 기술도 상용화되어있다.

③ 축산은 바이오기술로 업그레이드된다

가축에 적용되는 바이오 기술은 크게 두 방향이다. 즉 동물 자체 품질을 높이는 일과 동물을 이용하여 새로운 물질을 만드는 방향이다. 동물, 예를 들면 축산업의 경우 우유와 고기 품질을 높이는 연구가 분자 수준에서 진행 중이다. 더불어 고기를 동물 세포 배양으로 만드는

그림 2-12 **유용물질 생산 가축: 소 성장호르몬(소마토트로핀)을 생산하는 소**

방법도 연구되고 있다. 젖소에서 특정 단백질을 대량 생산하여 의료용으로 쓰려는 연구는 실용화 단계다. 하지만 이 방법 역시 GMO, 즉 유전자변형 생물에 해당되어서 쉽게 상용화되지는 못하고 있다. 해양 어류 육종기술도 유전자편집기술이 적용된다. 농업뿐 아니라 수산업에서 물고기에 적용하는 기술도 동물 세포나 식물 세포에 적용하는 기술 그대로이다. 대표적인 기술은 아래와 같다.

- **가축 개량**: 재래적인 가축 개량 방법은 20년이 넘게 소요된다. 바이오기술을 적용하면 단기간에 우수한 특성을 가진 가축을 만들 수 있다. 성장속도가 빠르거나 우유 생산량이 높거나 고기 질이 높거나 병에 걸리지 않는 가축을 만든다.
- **유용물질 생산 가축**: 초유에 들어있는 락토페린을 만드는 젖소, 의료용으로 중요한 성장호르몬, 인슐린 등을 만드는 돼지는 가축에서 유용물질을 만드는 대표적인 예다. 이런 물질들은 구조가 복잡해서 미생물에서는 만들지 못한다. 사람과 비슷한 동물인 가축에서 만들 때 가장 효능이 좋다. 동물을 형질 전환한 GM 동물은 GM 작물에 비해 아직 그 효과가 크지 않다. 하지만 키우기만 하면 마치 공장처럼 계속 만들어낸다는 장점이 있다. 걸어 다니는 공장인 셈이다.

- **질환모델동물 생산**: 병원에서 쓰이는 치료약을 만들려면 임상실험을 해야 한다. 동물 대상 임상실험이 첫 번째 관문이다. 그러려면 해당 병에 걸린 동물이 필요하다. 당뇨, 심장질환, 치매 등에 걸린 동물, 즉 질환모델동물을 만드는 일은 의약 발전에 중요한 분야다.
- **이종장기 개발**: 동물 장기를 인간 장기로 대체하는 연구다. 미니돼지가 주요 연구 대상이다. 인공장기 부분에서 더 자세히 설명된다.

④ 식품: 먹방이 인기다

TV 인기 프로그램 중 하나는 '먹방'이다. 매일 새로운 메뉴, 각 지역 특산물이 소개된다. 먹는 일은 중요하다. 건강과 더불어 웰빙 시대에 맛을 음미하는 수단이기 때문이다. 먹는 재미가 없으면 무슨 재미로 살까 하는 정도다. 즉 먹기 위해 살던 시대를 지나 이제는 식품 질이 중요한 시대다. 특히 건강 지향 식품이 대세다. 식품이 생산되면 이제는 먹기 좋게 가공하는 단계에 들어간다. 감자 덩어리가 감자 칩이 되면서 부가가치는 껑충 뛴다. 선진국의 경우 식탁에 오르는 가공식품 비율은 90%다. 한국은 아직 50% 수준으로, 식품을 업그레이드하는 식품 가공기술이 절실한 때다. 연구 분야는 아래와 같다.

- **기능성 식품**: 건강 증진 기능을 가진 식품을 만드는 분야다. 식품 내 어떤 특정 성분이 어떤 건강 증진 효과가 있는지를 증명하면 건강기능성 식품이라는 명칭을 쓸 수 있다.
- **발효식품**: 국내 전통 식품, 예를 들면 김치, 된장 등은 미생물 발효에 의해 만들어진다. 발효식품은 냉장고가 없던 시절, 보관을 용이하게 하려고 만들었다. 최근 발효식품에 몸에 좋은 성분들이 다량 함유되어있음이 확인되고 있다. 웰빙 트렌드와 더불어 발효식품 시장이 크게 증가하고 있는 상황이다.

⑤ 농대에는 농업, 축산, 식품 전공이 다양하다

농과대학의 대부분 전공은 농림, 축산, 식품 분야를 다양하게 다룬다. 다루는 분야는 다르지만 사용하는 공통적인 생명공학기술은 동일하다. 즉 대상이 식물, 동물인가가 다를 뿐 DNA를 다루는 기술은 기본이란 이야기다. 식품 분야는 가공일 경우 공대로 분류하기도 하고 생활과학대학에서 식품영양을 다루기도 한다. 농과대학(농업생명대학)은 서울대, 충남대, 충북대, 부산대, 경북대, 전남대, 전북대, 제주대에 있다. 다른 대학(건국대 등)은 기존 농대 명칭이 약간 변경되거나, 학과가 전통적인 농대 이미지를 벗어나 생명과학 분야로 변신을 하고 있다.

(2) 환경, 해양 분야

① 생물정화가 가장 친환경적인 기술이다

말 타면 종 부리고 싶다고 했다. 인간들은 농업혁명 덕분에 먹을 것이 많아지고 산업혁명 덕분에 쓸 것이 많아지고 IT혁명 덕분에 볼 것들이 많아졌다. 이제 인간은 무엇을 더 원할까? 답은 하나다. 건강 장수다. 그것도 이왕이면 깨끗한 곳에서 살고 싶다.

21세기 메가트렌드는 '청정 지구에서 건강 장수'다. 지구는 급속도로 더러워지고 있다. 물, 공기, 땅이 사람들이 만들어내는 오염물질로 더러워진다. 환경 정화를 위해 물리, 화학적 방법을 사용하지만 가장 좋은 것은 환경에 흔적을 덜 남기는 생물학적 방법이다. 강물은 스스로 깨끗해지는 자정능력이 있다. 자정능력이란 강물 속 미생물들이 들어온 오염물질을 분해해버리는 능력이다. 이런 원리를 환경 정화에 쓰는 기술이 '환경생명공학Environmental Biotechnology'이다. 기름으로 오염된 땅도 땅속 미생물이 분해한다. 이 미생물들이 빠른 속도로, 효율적으로 분해하도록 미생물 성장에 필요한 물질을 땅속에 공급해서 기름에 오염된 땅을 깨끗하게 만드는 방법도 환경생명공학의 한 중요한 분야, 즉 토양 오염 정화 분야다. 생물정화Bioremediation라 부르는 분야는 미생물, 식물을 사용하여 오염된 물, 땅을 정화한다. GM 생물체를 이용하여 환경 정화를 시도하는 연구가 진행 중이다. 물속, 땅속 난분해성 물질 분해를 위해 해당 분해 유전자를 토양미생물이나 수중미생물에 삽입한다.

이 경우 GM 미생물이 생태계에 직접 방출되는 위험성이 있다.

② 해양은 미개척된 바이오 장터다

바다는 그동안 미개발된 영역이다. 하지만 지구상에서 광합성이 가장 활발하고, 유기물이 많이 만들어지는 곳이기도 하다. 이제 과학은 바다에 눈을 돌리기 시작했다. 우선 바다에 얼마나 많은 종류 생물이 살고 있는지를 유전자 기법으로 조사하고 이들에서 유용한 의약성분을 찾아내고 있다. 그동안 육지생물에 집중되었던 과학의 관심을 해양으로 돌린 셈이다. 연구 분야는 크게 2가지다.

- **해양생물 유래 의약품**: 지금까지 의약품에 쓰이는 원료는 대부분 육상식물에서 채취되었다. 해양생물은 다양하므로 새로운 의약품을 찾을 수 있다. 하지만 지난 30년간은 초기 단계였다. 이제 조금씩 신규 물질들을 찾기 시작했다. 현재 FDA에서 승인된 해양 유래 의약품은 7종이며 임상 단계가 11종, 전임상 단계가 1,458종이고 새로운 물질이 8,940종이다. 이처럼 폭발적으로 해양생물에서 신규 물질이 발견되고 있다.

- **수산양식**: 생선은 중요한 단백질 공급원이다. 70억 인구가 먹어치우는 수산물을 충당하기 위해 코가 작은 그물로 바다를 쓸고 간다. 이런 식으로는 50% 이상 생선 어획량이 감소할 것으로 예측한다. 생선을 잡을 것이 아니라 키워서 먹을 생각을 해야 한다. 그러려면 DNA 수준 어류 육종기술, 배

양 기술에 대한 연구가 필요하다. 해안에 늘어선 가두리 양식장, 해변에 집중된 실내 양식장, 근해에 설치된 대형 가두리 양식장이 수산양식 현장이다.

③ 환경, 해양바이오 전공은 다른 분야(환경공학, 해양학)와 접해있다

환경생물공학은 환경공학과나 생명공학과에서 다룰 수 있다. 환경공학 분야 중에서도 미생물, 식물을 이용해서 수질, 토양오염 정화를 다루는 분야가 있다. 하지만 이 경우 주목적은 환경 정화다. 생명공학이 다루는 환경 연구는 정화기술과 더불어 환경친화적인 물질 생산에 대한 연구도 활발하다. 특성상 공대에 관련 전공이 많다. 환경 정화에 쓰이는 GM 미생물을 만드는 일은 생명공학 분야에서 주로 연구한다. 해양 생명공학기술은 해양학과가 설치된 몇 개 대학이나 해양대학에서 교육, 연구를 한다.

공정, 정보, 에너지(White 분야)

(1) 바이오 정보: 게놈(DNA) 정보는 개인 청사진

① 침 한 방울로 범인 몽타주를 만든다

여러분은 혹시 이 사건을 아는가? 9명 살해, 200만 명 경찰 동원, 2만 명을 수사했고 4만 명 지문을 채취. 하지만 아직도 범인을 못 잡고 있다. 경찰은 당시 현장에서 범인 것으로 추정되는 혈흔과 정액을 발견했다. 하지만 당시는 DNA 검사가 아직 국내 도입되기 전이었다. 무슨 사건인지 기억하겠는가? 바로 1986년 발생한 화성 연쇄 살인사건이다. 〈살인의 추억〉이라는 영화까지 만들어질 만큼 국민들을 공포에 떨게 했다. 당시 혈흔과 정액이 아직 보존된 상황이라면 경찰은 과학기술을 이용해서 지금이라도 범인을 잡을 수 있을까? 최근 한 방송국에서는 당시 용의자를 보았다는 사람들의 진술을 바탕으로 새로운 몽타주를 만들었다. 나이가 든 것을 고려한 몽타주다. 몽타주는 범인 검거에 아주 결정적인 역할을 한다. 그러나 당시는 불행히도 제대로 몽타주를 만들지 못했다. 유일한 목격자는 시내버스 운전사다. 당시 밤늦게 사건 현장 부근에서 올라탔던 20대 청년이 용의자다. 지금 그 몽타주를 다시 만들 수 있을까? 당시 혈흔과 정액이 있다면 가능할까?

2017년 6월 영국의 대학에서 놀라운 연구 결과를 발표했다. 피 한 방울만 있으면 그 사람 몽타주를 만들 수 있다는 것이다. 실제 테스트는 이렇게 했다. 300명의 사람에게서 한 방울씩 피를 뽑은 다음 DNA 정보를 분석해서 한 사람 한 사람씩 몽타주를 300개 만들었다. 다음으로 제3자에게 몽타주와 실제 인물 사진을 비교해서 300명을 서로 맞추라고 했다. 당시 만들었던 몽타주와 실물 사진이 있다(그림 2-13). 몽타주는 85% 정확하게 실제 인물을 맞출 수 있었다. 이게 어떻게 가능할까? 바로 바이오정보, 그중에서도 DNA, 즉 게놈 정보의 힘이다.

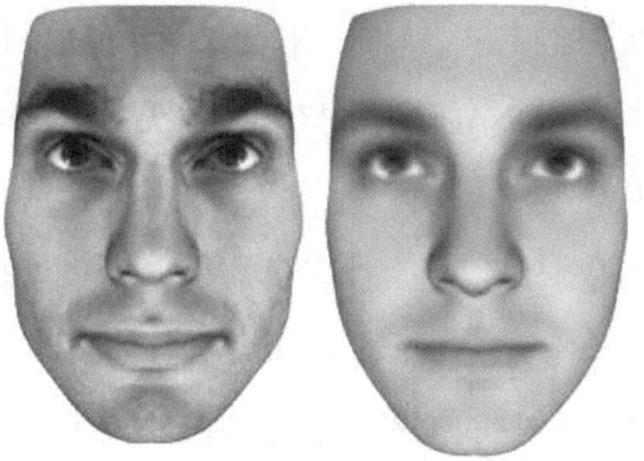

그림 2-13 **DNA 정보의 힘: 피 한 방울로 만든 몽타주(우)와 실물(좌)**

'게놈genome'이란 DNA가 모여있는 것을 총칭해서 말하는 것이다. 사람 DNA는 실처럼 뭉쳐서 염색체chromosome가 된다. 보통 사람은 부, 모에게서 각각 18개씩을 받아 36개 염색체가 한 개 세포 속에 있다. 이 36개를 '게놈'이라 부른다. 지금은 이 게놈 속 DNA 순서가 모두 밝혀져 있다. 사람 간 DNA 차이는 아주 작다. 하지만 충분히 사람 사이를 구분할 수는 있다. 그래서 범인을 잡는 것이다. 실제 방법을 보자. 수천만 명의 DNA 정보가 있다. 이 정보를 분류한다. 예를 들어 피부색이 검은 사람과 흰 사람의 DNA를 조사한다. 차이가 나는 곳이 있다. 실제로는 피부 색소에 관여하는 DNA 부분이다. 이것이 검은 피부와 흰 피부를 만든다. 따라서 혈액 속에서 피부에 해당하는 DNA를 분석해보면 그 사람 피부색이 어떤지 알 수 있다. 사람 얼굴, 즉 몽타주도 같은 방식으로 만든다. 혈액 DNA 중 피부색, 모발 색, 코 길이, 미간 너비, 눈 모양 등에 해당하는 DNA 정보를 기반으로 몽타주를 만들 수 있다. 다양한 사람 DNA(게놈) 정보가 많이 있을수록 그 정확도는 더 높아질 것이다.

기존에는 현장에서 범인의 혈액 DNA를 분석해도 경찰이 가지고 있는 데이터베이스에 해당 DNA가 있어야만 잡을 수 있었다. 그런데 모든 사람의 DNA를 가지고 있지는 않다. 모두를 범인 취급하게 되면 인권, 개인정보 문제가 있기 때문이다. 하지만 이제는 몽타주를 만들 수 있다. 이제는 범인이 얼굴을 완전히 성형하지 않는 한 범인 잡기는 시간문제라는 이야기다. 모두 바이오 정보 힘이다.

② 알코올 중독 가능성도 쉽게 예측한다

바이오정보, 특히 인간 게놈 정보는 범인 잡기에만 사용하는 것은 아니다. 어떤 사람이 어떤 신체적 특성을 가졌는가도 알 수 있다. 예를 보자. 술을 잘 먹는 '말술' 집안에서 태어난 아이가 말술이 될까? 공부 잘하는 박사 부부 사이에서 태어난 아이는 역시 박사가 될까? 공부 유전자가 실제로 있다면 박사 부모의 아이가 공부를 잘할 확률이 높지만 그런 유전자가 있는지는 불분명하다. 하지만 술 유전자는 있다. 아버지가 말술이면 아들도 그럴 확률이 높다. 술을 마시면 두 단계를 거친다. 우선 취한다. 그리고 골이 땅긴다. 술을 잘 분해시키면 술이 금방 깬다. 알코올 분해 유전자가 강해서다. 반면 약하면 소주 한 잔에도 해롱해롱한다. 다음 날 머리가 빠개지듯 골이 아픈 숙취는 알코올이 분해되면서 생기는 '아세트알데히드'라는 숙취물질을 금방 분해하지 못하기 때문이다. 숙취물질 분해 유전자가 강하면 뒤끝이 깨끗하다. 다음 날도 말짱하다.

말술 집안 유전자는 어떤 종류일까? 우선 먹어도 취하지 않아야 한다. 취하게 만드는 것은 혈중 알코올 농도다. 우선 알코올 분해 유전자가 강해야 술 잘 마신다는 소리를 듣는다. 잘 마시는 걸 넘어서 '말술'이 되려면 한 가지가 더 필요하다. 즉, 다음 날 머리가 땅기지 않아야 한다. 즉 아세트알데히드(숙취물질) 분해 유전자도 강해야 한다. 이 두 유전자가 얼마나 센지는 유전자 검사로도 알 수 있다. 하지만 친구들과 소주 3병씩만 먹어도 알 수 있다. 잘 마시고 해롱대지 않고 다음 날 말끔한 얼굴로 나타난다면 말술 유전자다. 그런데 동아시아인은 알코올 분해 유전자가 강하고 숙취물질 분해 유전자가 약하다. 한국인은

술을 많이 마셔서 간에 무리가 가지만 그나마 숙취 때문에 연속으로 마시지는 못한다. 알코올 중독이 덜한 이유다. 그러면 어떤 타입이 가장 알코올 중독에 약할까? 남성, 여성, 말술? 사실 술을 잘 못 마실수록 의외로 알코올 중독인 경우가 많다. 술을 분해하지 못하니까 소주 한 잔에도 기분이 좋아진다. 게다가 다음 날 숙취도 없다면 늘 한 잔 술에 취해있게 된다. 늘 취하게 되면 알코올 중독은 시간문제다. 술의 경우처럼 우리 몸 대부분은 유전자에 의해 지배받는다. 몸은 세포요, 세포는 효소(단백질)가 일을 하는 공장이요, 효소는 유전자가 결정하기 때문이다. 유전자는 세포 청사진이다. 그만큼 많은 정보를 준다.

③ 당신 건강을 미리 예측게 한다

그림 2-14 **게놈 건강 예측: 게놈 정보는 알코올 중독도 예측 가능하다**

정작 중요한 분야는 건강정보다. 인체의 30억 개 DNA 순서를 알면 그 안에 들어있는 24,000개 유전자Gene정보를 알 수 있다. 유전자란 한 종류 일을 하는 DNA 묶음이다. 예를 들면 침에서 나오는 소화효소인 '아밀라아제'는 한 유전자에서 만들어진다. 이런 유전자들이 어떤 종류인가를 분석하면 마치 몽타주를 그리는 것처럼 질병 예측이 가능하다. 즉, 나는 이런 유전자를 가지고 있는데 이 종류 유전자를 가진 사람들은 무슨 병에 잘 걸린다는 것을 알 수 있다. 흔히 말하는 '질병 가족력'을 알 수 있는 것이다. 내 게놈을 모두 해석하면 내 일생 건강 상태를 미리 알 수 있다. 내 몸 청사진인 셈이다. 실제로는 30억 개 모든 DNA를 검사하지 않고 DNA 일부만을 검사해보면 된다. 염기ATGC 한 개가 바뀌어서 문제가 되는 소위 SNPSingle Nucleotide Polymorphism만 검사한다는 이야기다. 구글 자회사(23andMe)는 199달러만 내면 250종 유전자 이상 여부를 검사해준다.

영화배우 안젤리나 졸리 이야기는 DNA 정보의 중요성을 알려준다. 그녀의 DNA 검사는 유방암 유전자(BRCA1)가 있음을 알려주었다. 더구나 모친과 이모가 유방암, 또 유방암과 관련된 자궁암으로 사망했다. 의사는 유방암, 난소암으로 그녀가 사망할 확률이 87%, 53%라고 이야기했다. 그녀는 결정해야 했다. 결국 자녀 6명과 같이 지내고 싶다는 소망 때문에 암이 생기지도 않았는데 양쪽을 모두 제거하는 수술을 하게 했다. 타임지 표지에 "Angelina Effect"라고 실릴 정도로 게놈 정보는 건강에 대해 많은 것을 알려준다. 바이오정보의 시작은 DNA 순서, 즉 게놈genome이었지만 바이오정보는 무한하다. 우리가 먹는 약도 게놈 정보에 따라 달라진다.

④ 개인 맞춤형 의약품: 약도 개인 DNA에 따라 달리 처방한다

아스피린은 머리가 아플 때 먹는 약이다. 하지만 이 약은 '좋은' 부수 효과가 있다. 암을 감소시키는 것이다. 먹은 사람 30%는 암이 줄어든다. 하지만 66%는 아무런 효과가 없다. 4%는 거꾸로 췌장암이 증가한다. 즉 같은 아스피린을 먹어도 개인차가 있다는 이야기다. 놀랍지만 당연한 결과다. 사람마다 유전자가 다르기 때문이다. 그런데 이 차이는 0.1%다. 즉 유전자가 있고 없고의 문제가 아니라 1/1000 차이다. 즉 같은 유전자라 해도 DNA 순서가 염기(ATGC) 하나씩 다르다. SNP, 즉 한 개 염기가 다른 부분이 사람 간 차이를 만든다. 따라서 개인 유전자별로 약이 처방되어야 한다. 암 발생 부작용이 있는 3%는 아스피린 대신 다른 두통약을 처방받아야 한다. 개인 맞춤형 약품 시대가 열린 거다. 앞으로 2~3년 내에 74%의 약이 개인 맞춤형으로 전환될 것이다. DNA 정보를 쉽게 알 수 있기 때문에 가능한 일이다. DNA 정보에는 DNA 순서가 아닌 또 다른 정보가 있다. 어쩌면 DNA 순서보다 더 중요할지 모른다. 바로 후성유전 정보다.

⑤ 후성유전 정보: 살아온 흔적이 DNA 꼬리표로 남는다

영국에서 일어난 사건이다. 런던 근교 한적한 마을에 성폭행 살인사건이 발생했다. 현장의 정액 샘플로 DNA 검사를 했고 여기에 들어맞는 1명이 있었다. 하지만 집을 급습한 경찰은 난감해졌다. 용의자는 두 사람, 즉 일란성 쌍둥이 형제였다. 일란성 쌍둥이라도 지문은 다를 수 있는데 하필 두 사람은 지문도 일치했다. 두 사람을 동시 기소할 수는 없는 곤란한 상황이었다. 이때 구세주가 나타났다. 생물학 전공 교수가 해결했다. 그는 현장 DNA와 두 용의자 DNA를 비교했다. DNA 순서(ATGC)를 비교한 것이 아니고 DNA에 붙어있는 꼬리표(메틸기, 에틸기)를 비교한 것이다. DNA 순서는 같더라도 꼬리표는 달랐다. 꼬리표는 태어나면서부터 사람에 따라, 즉 후천적 환경에 따라 달리 붙는다. 어디에서 살았는지 무엇을 했는지에 따라 달리 붙는다. 일종의 개인 역사인 셈이다. 문제는 이 꼬리표가 DNA가 하는 일에 막대한 영향을 미친다는 점이다. DNA 묶음인 유전자는 단백질을 만들고 이것이 세포 일꾼이다. 효소, 호르몬, 세포 구성 물질 등이 대부분 단백질로 만들어진다. 유전자가 일을 해서 단백질을 만드는 과정에 이 꼬리표가 영향을 준다. 그래서 같은 유전자를 가진 일란성 쌍둥이라도 사는 곳, 하는 일에 따라서 유전자 활동이 달라지고 결국 두 사람의 건강상태, 몸 상태 등이 달라진다.

부모로부터 물려받은 유전자DNA가 선천적이라면 유전자 꼬리표는 후천적이다. 이 분야를 '후성유전Epigenetics'이라고 부른다. 전립선암에 걸린 사람들의 DNA 꼬리표를 조사해보면 특정 DNA 부위에 꼬리표가 빽빽하게 달라붙어 있다. 이 암을 연구하는 사람들은 암 환자와 꼬리표의 관계를 연구하고 있다. 실제로 DNA 꼬리표를 떼어내서 암을

그림 2-15 **후성유전학: 사진 속 일란성 쌍둥이도 살던 환경(후성)에 따라 DNA 꼬리표가 달라지고 이에 따라 유전자 발현이 변한다**

예방하는 연구 결과가 나오고 있다. 이제 과학자들은 DNA 꼬리표 지도를 만들고 있다. 이 꼬리표 지도가 완성되면 사람 유전자가 어떻게 일을 하는지를 예측할 수 있다. 암과 꼬리표의 관계가 완성되면 선천적 암 발생 확률과 달리 후천적 암 발생 확률을 알 수 있다. 어떤 것이 더 결정적일까? 천부적인 재능을 가진 사람이 그 능력을 발휘하는가는 살아가면서 결정된다고 설명할 수 있다. 즉 DNA는 기본 능력이고 꼬리표는 기본 능력이 발휘되는가, 아닌가를 결정한다. 결국 둘 다 중요하다는 이야기다. 어떤 아이가 어떤 사람이 될 것인가를 결정하는 것이 '천성Nature이냐, 교육Nuture이냐' 하는 유명한 논쟁에서 이제는 과학적으로 둘 다 필요함을 밝힌 셈이다. 이제는 후성유전학 시대다.

⑥ AI 의사 시대가 열렸다

인천 길병원에는 암센터가 있다. 이곳을 찾는 환자에게는 두 가지 선택이 있다. 사람 의사와 인공지능AI 의사다. 환자들은 누구를 더 믿을까? 놀랍게도 사람 의사가 아니다. 길병원 환자들은 인공지능 의사를 좋아한다. 인공지능 의사를 본 환자들은 만족도가 40% 더 높아졌다. 최소한 암 진단에 대해서는 그렇다. 왜 그럴까? 국내 의사들은 바쁘다. 진료에 바빠서 의사 81%는 전공서적을 보는 시간이 한 달에 5시간도 안 된다. 새로운 의료데이터를 볼 시간이 없다. 한편 인공지능에는 전 세계 전문가들이 사용하는 노하우와 모든 학문적 데이터를 모았다. 이들의 암 진단 정확도는 82.6%로 사람 의사보다 높다. 암 진단은 사진 결과를 놓치지 말고 정확하게 봐야 하는데, 밤새 진단 엑스레이 사진을 봐도 놓치는 게 없다. 사람에 의한 오진 가능성이 없는 것이다. 예를 보자. 어떤 약을 달리 처방할 때 꼭 봐야 하는 것에 약물 부작용 리스트 책자가 있다. 그 분량이 2,500쪽이나 된다. 3분 진료에서 이것을 고려할 시간은 전혀 없다. 사람 의사보다 인공지능 의사에게 신뢰가 가는 이유는 정확도다. 영상검사 판독, 조직검사 해독, 상호부작용 등까지 고려된 치료제 선택, 로봇수술 등은 AI 의사가 제격이다. 효율이 좋다. 병원 입장에서도 마다할 이유가 없다.

반면 사람 의사는 비용이 많이 든다. 게다가 늘 완벽한 상태를 유지하기도 힘들다. 현재 고비용, 저서비스 상황에서 이제는 저비용, 고서비스 방향으로 전환이 필요하다. 그럼 사람 의사는 무얼 해야 하나? 당연히 AI 의사가 못 하는 것을 해야 한다. 환자와의 정서적 교감이다. 새로운 문제에 대응하는 일이다. 윤리적 판단이다. 사실은 그것이 의사가 '원래' 해야 할 일이다. 환자가 의사를 믿으면 병은 이미 반은 치료된 것과 같다. 환자에게 필요한 것은 의료진의 치료 능력과 함께 따뜻한 격려와 상황 대처 능력이다.

한편 AI 의사를 움직이는 건 고성능 컴퓨터이고, 그걸 움직이는 건 결국 방대한 의료정보다. 바이오 정보 분야가 중요한 이유다.

⑦ 바이오 정보 관련 대학 전공은 수학까지 포함된다

어떤 대학 전공이 바이오정보 분야에 적격일까? 생명공학, 통계학, 수학, 컴퓨터학 등에서 접근하기 쉽다. 빅데이터를 분류할 수 있어야 하고 그중에서 유용한 정보를 꺼낼 수 있어야 한다. 사실 정해진 전공은 없다. 숫자를 싫어하지 않는다면 누구라도 도전해볼 수 있다. 이 분야를 전공하지 않아도 바이오정보는 초보자라도 쉽게 사용할 수 있다. 즉 웬만한 정보는 모두 인터넷에 공개되어있다. 수많은 미생물, 동식물, 인체에 대한 정보까지 공개되어있다. 바이오정보를 전공하지 않아도 공개된 정보를 사용하면 본인이 원하는 연구를 할 수 있다. 쓰기 쉽게 정리되어있고 응용할 수 있는 프로그램이 나와있다. 예를 보자. 내가 미생물을 이용하여 새로운 항생제를 만들고 싶다 하자. 지금까지 나와있는 미생물 게놈 정보 중에서 내가 찾는 항생제 기능과 유사한 유전자 순서를 모두 찾을 수 있다. 이 정보를 바탕으로 새로운 미생물을 흙에서 선발할 수 있다. 또는 새로운 유전자를 실험실에서 인공합성해서 기존 미생물에 집어넣어 신규 항생제를 만들 수도 있다. 이 경우 나는 바이오정보를 전공하지는 않았다. 하지만 바이오정보 과학자가 제공해준 여러 프로그램을 이용하여 내가 원하는 정보를 얻을 수 있는 것이다.

(2) 스마트 헬스

① 스마트 헬스는 BT, IT, NT 융합이다

SF 영화 〈아일랜드〉(2005, 미국) 처음 장면에 남자 주인공이 소변을 보는 모습이 나온다. 벽 스크린에는 "소변 나트륨 이상, 병원 방문 요망"이라는 문구가 뜬다. 자동 소변검사 장치다. 당시는 상상 속 기술이었지만 벌써 현실화가 되었다. 시계처럼 차고만 있어도 혈당을 측정하는 기기가 나왔다. 스마트 헬스Smart Health다. 스마트, 즉 스스로 알아서 건강을 챙긴다는 의미다. 구글 콘택트렌즈를 이용해서 24시간 당뇨를 측정하는 방식도 스마트 헬스의 한 예다. 스마트 헬스는 모바일mobile, 혹은 유-헬스Ubiquitous라고도 불린다. '모바일'은 '휴대할 수 있는', '유-'는 '어디에서나'의 의미다. 즉 24시간 알아서 건강을 모니터링한다는 말이다. 구글이 바이오 분야에서 돈을 벌겠다고 맨 처음 시도한 분야가 스마트 헬스다. 스마트 헬스는 센서IoT, Internet of Things, 빅데이터, 인공지능AI으로 구성된다. 모두 4차 산업 핵심 기술들이다. 바이오센서에서 모아진 인체 건강 데이터를 의료계 빅데이터와 비교, 인공지능이 판단해서 알려준다. 예를 들면 "혈당이 위험 수준에 도달할 것 같으니

그림 2-16 **스마트 헬스: 웨어러블 건강 측정 장치는 IoT, AI와 연결된다**

하루 달리기를 10km씩 하고 몸무게를 3kg 줄이라"는 지시Action를 한다. 피부에 부착된 인슐린 펌프는 자동으로 인슐린을 공급할 것이다. 이 삼각체제의 핵심 기술은 센서, 즉 바이오센서다. 센서는 물론 '인터넷이 연결된 물건IoT'이다.

② 바이오센서가 핵심 기술이다

스마트 헬스 핵심인 바이오센서는 어떤 종류가 어디에 쓰일까? 현재 개발되어있는 것은 맥박, 혈압, 심전도, 인슐린, 신체 움직임 등을 측정한다. 그러나 이 종류는 급격히 늘어날 것으로 본다. 병원에서 측정하는 모든 방법을 소형화하고 몸에 걸칠 수 있다면 그게 바이오센서다. 꼭 몸에 걸쳐야만 되는 건 아니다. 만약 손목에 차기만 해도 측정이 된다면 최고이겠지만 안 되면 피부에 붙여서 혈당을 측정할 수 있다. 그것도 불가능하다면 아주 가느다란 주삿바늘로 혈액을 채취하여 검사할 수 있다. 물론 검사 기기는 스마트폰에 붙어있게 만든다.

현재 만들어진 바이오센서는 어떤 분야에 응용되고 있을까? 첫째는 건강 측정 분야다. 하루 24시간 자동으로 건강 지표(혈압, 맥박, 심전도, 혈당, 콜레스테롤, 지방, 피부 상태)가 자동 측정되어 스마트폰으로 전송된다. 스마트폰에서 이를 분석해서 건강관리 정보를 보내준다. 직접 의사에게 전송되어 의사가 진단, 처방을 내려준다. 이런 방식으로 원격진료가 가능해진다. 원격진료는 장점이 많다. 우선 비용이 절감된다. 일일이 병원을 오가지 않아도 된다. 아프리카 오지에서도 바이오센서만 제대로 공급되고 연결된다면 질 높은 의료서비스를 받을 수 있다. 원격인 만큼 대처도 신속할 것이다. 2006년도 국내 시범사업 당시 원격응급진료시스템 사망률은 1.5%였다. 반면 재래적인 응급진료의 경우 3%였다. 사람 의사가 아닌 인공지능 의사가 데이터를 보고 처방을 내린다면 어떨까? 현재 국내 상황으로는 여기까지 가려면 갈 길이 멀다. 환자 얼굴을 보고 진료를 해야만 제대로 병을 고친다는 국내 의료진 반발이 원격진료 실시의 가장 큰 걸림돌이다. 사정이 이러하니 인공지능 의사가 원격진료에 참여하는 데에는 더 긴 시간이 필요하다.

둘째 바이오센서 응용 분야는 운동 촉진이다. 팔목에 차고 있으면 하루에 얼마나 걸었다고 알려준다. 어떤 앱은 친구들과 걷기 시합을 할 수 있다. 걸은 만큼 스마트폰에 있는 운동 감지 센서가 보행 수를 알려주고 친구들의 하루 보행 수도 알려준다. 게임하고 놀면서 살을 뺀다는 앱이다. 이 경우는 운동 감지 센서가 한몫 한다. 만약 심박 수를 알려주는 센서라면 다이어트에 적합한 운동 강도가 최고 심박 수 65%까지라고 알려주고 거기까지 도달하도록 한다.

셋째 바이오센서 응용 분야는 이상 대처다. 독거노인이 있다 하자. 센서가 심박 수를 모니터링하여 심박 수가 갑자기 증가하면 119에 직접 연결되고 의사와 이야기할 수 있다. 치매 노인 신체 근육 움직임을 측정하는 센서가 있으면 매일 어떤 행동을 하는지 알 수 있다. 정상 패턴에서 벗어나면, 예를 들어 근육 움직임이 없는 경우, 알람이 울리고 주위 사람이나 의료진에 연결된다. 고령화에 따라 돌봐야 하는 노인들은 많아진다. 하지만 일일이 간호 인력이 배치되기는 쉽지 않다. 의료시설이 아닌 집에서 간단한 건강 체크만을 할 수 있다면 고령화 사회 간호 업무에 큰 전환점이 될 수 있다. 핵심은 인터넷과 연결된 IoT, 바이오센서다.

③ 바이오센서(전자코) 제작 방법 알아보기

바이오센서는 실제로 어떻게 만들어질까? 이 과정을 알면 어떤 분야가 필요한지 알 수 있다. 현재 진행 중인 연구를 들여다보자. 인공후각, 즉 전자코electronic nose 만들기다. 강아지를 데리고 동네 산책을 나가면 또 다른 개를 만난다. 개들은 만나자마자 모두 똑같은 행동을 한다. 코를 들이박고 상대방 냄새를 맡는 것이다. 그것도 점잖지 못하게 상대방 아랫부분을 킁킁거린다. 모든 개들이 같은 행동을 한다는 이야기는 그것이 본능이라는 이야기다. 즉 냄새를 통해 무언가를 알고자 함이다. 그게 무엇일까? 네가 몇 동 몇 호 사는가를 묻는 건 아닐 것이다.

답은 한 가지, 상대방의 현재 건강 상태다. 쥐를 상대로 실험했다. 수컷 쥐에게 살모넬라균을 주사해서 병에 걸린 것처럼 만들었다. 이 수컷 쥐에게는 암컷들이 다가가지 않았다. 냄새로 병에 걸렸는지 안다는 이야기다. 병에 걸리면 몸속 세포에서 생산되는 물질이 달라지고 이것이 땀을 통해 배출된다. 몸에서 나는 냄새가 달라지는 이유다. 이것을 응용해보자. 코, 그중에서도 개 코는 가장 냄새를 잘 맡는 기관이다. 죄수들이 탈옥하는 영화에서는 경비병들이 개를 끌고 추적하면 이젠 범인이 잡히겠구나 생각할 정도다. 개 코는 다른 동물보다 후각기관이 발달되어있다. 만약 개 코를 닮은 후각센서를 만든다면, 그리고 개들처럼 이 센서를 건강 측정 센서로 쓰면 어떨까? 충분히 가능성이 있는 이야기다.

그러면 후각센서를 만들어보자. 먼저 개 코의 후각세포 모양을 보자. 냄새 분자가 후각세포의 안테나(수용체)에 달라붙으면(그림 2-17) 여기서 전기신호가 발생된다. 이 신호가 신경세포를 따라 뇌로 전달된다. 후각 담당 뇌세포는 이 신호를 분석해서 기억 속에 있던 냄새 패턴과 비교하여 '아, 바나나 냄새구나'라고 기억한다. 후각의 작동 원리를 알았으면 이제 센서를 만들어보자. 먼저 냄새 분자가 달라붙는 부분, 즉 센서 부분이다. 가장 예민하고 핵심적인 부분이다. 냄새 분자가 달라붙는 세포 수용체는 실험실에서 만들 수 있다. 즉 수용체 유전자를 대장균에 삽입해서 수용체 단백질을 만들면 된다. 아니면 후각세포막을 통째로 분리해서 그 안에 꽂혀있는 수용체를 통째로 사용할 수 있다. 물론 센서를 바이오로만 만드는 건 아니다. 다른 방법으로도 냄새 분자가 달라붙으면 신호가 변하는 장치를 만들어도 된다. 예를 들면 반도체 내부에 통로를 만드는 것이다. 통로 벽에는 다양한 화학물질을 코팅해놓는다. 냄새 분자가 다양한 화학물질에 달라붙으면 여러 형태 전기신호가 발생한다. 이 전기신호가 바로 바나나 냄새의 '지문'이다. 또는 냄새가 어떤 물질에 달라붙으면 무게가 변하는 특성을 이용하여 달라붙었는지 알 수 있다. 무게 변화는 실제로는 수정체 진동이 변하

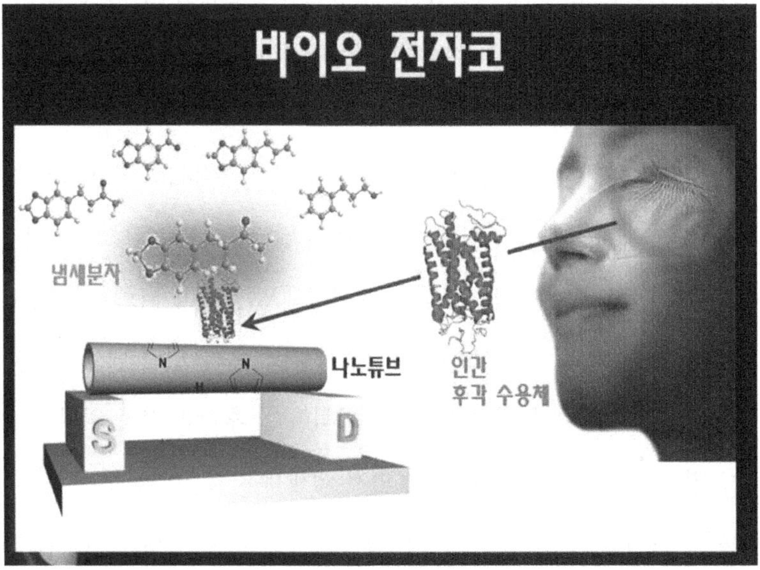

그림 2-17 **전자코: 냄새 분자가 콧속 후각세포 수용체에 달라붙으면 전기신호가 발생하여 뇌로 전달된다. 이를 모방하여 바이오전자코를 만든다. 나노튜브 위에 인간 후각수용체를 만들어 붙인다. 여기에 냄새 분자가 달라붙으면 나노튜브 표면에 변화가 생겨 전기신호가 발생한다(사진: 서울대 박태현 교수 제공).**

는 정도로 측정한다. 일단 냄새 분자가 달라붙어 전기신호가 발생하면 이것이 무슨 냄새에 해당하는가를 해석하는 '두뇌'에 해당하는 부분을 만들어야 한다. 우리가 냄새를 기억하는 원리는 수많은 냄새 데이터, 실제는 만 개 정도가 뇌에 저장되어있는 것이다. 같은 원리를 컴퓨터에 적용해보자. 즉 어떤 전기신호가 어떤 냄새에 해당하는지를 만 개 조합으로 저장해놓으면 간단하게 전자코가 완성된다.

이 전자코, 즉 후각바이오센서는 어디에 쓸 수 있을까? 냄새가 관여하는 곳은 의외로 많다. 식품 공장에서는 냄새만 맡아도 제대로 만들어졌는지, 상했는지를 알 수 있다. 화장품회사는 향이 중요한 항목이다. 경험이 많은 제조업자만이 냄새를 조합하는 노하우를 알고 있다. 바이오센서는 이것을 과학적으로 분석하고 매번 같은 향이 나오도록 할 수 있다. 동네에서 만난 개들의 경우처럼 건강진단 분야에 적용하는 연구는 현재 진행형이다. 실제로 특정 병은 특정 냄새를 유발한다. 조현병은 치즈 냄새가 난다. 두뇌 도파민이 제대로 변화되지 않고 다른 경로로 사용되면 헥사노익산이 생산되기 때문이다. 요로 감염이 생기면 이소발린산이 비정상적으로 생산되어 오래된 윤활유 냄새가 난다. 당뇨는 아세톤 냄새, 유방암은 소독 알코올, 폐암은 시너 냄새가 나는 이유다.

④ 인간 증강, 두뇌 연결기술은 인간 능력을 높인다

스마트 헬스를 목적으로 바이오센서가 개발 중이다. 하지만 이는 인체 전체를 업그레이드하는 거대 프로젝트의 한 분야라 할 수 있다. 인간은 다른 동물에 비해 두뇌가 우월하다. 하지만 신체적인 면은 그리 강하지 않다. 인체에 바이오기술을 포함하는 NT(나노테크놀로지), IT(정보기술) 기술이 더해지면 어떤 일이 가능할까? 아니면 로봇에 인간을 닮은 특성을 더한다면 어떤 일이 가능해지는가? 물론 이런 방향으로 가야 할지를 결정하는 윤리적 문제와는 별도로 기술적 측면만을 보자. 인체 감각 중에서 먼저 촉감을 보자.

인체는 봄바람을 느낀다. 미풍에 피부 모발이 살짝 휘어지면 그 아래에 있던 촉감센서가 자극을 받는다. 촉감은 피부에 닿는 힘을 표피, 진피 속 센서들이 감지해서 뇌에 보내는 것이다. 바람결을 느낄 정도의 피부 촉감을 이제는 촉감센서가 대체한다. 인체 촉감센서는 피부 속 표피와 진피 경계면에 위치한다. 피부에 어떤 힘이 작용하면 표피와 진피가 서로 밀리면서 그 힘이 센서에 전달된다. 이 센서를 종이처럼 얇게 만들어서 로봇 손에 부착할 수 있다. 로봇은 강철을 잡아서 휠 수도 있지만 달걀을 집을 정도의 섬세한 촉각은 갖추지 못하고 있다. 사람과 악수를 할 수 있으려면 손에 닿는 촉감이 예민해야 얼마만 한 힘으로 쥐어야 할지 결정할 것이다. 잘못되면 악수에 손이 으스러질 수 있다. 하지만 이제는 인공피부를 입힌 로봇을 곧 만날 수 있다.

한편 인체에는 방향성을 아는 감각도 있다. 즉 눈을 감고도 옷을 입을 수 있다. 이 감각에 대한 연구는 아직 초보적이다. 하지만 의수, 의족을 하는 장애인들에게는 하늘에서 내린 선물이 될 수 있다. 감각이 없던 의수에 피부센서를 입혀서 악수할 때 상대의 따스함과 안락함을 느낀다면, 그리고 비록 의수지만 내 마음대로 옷을 입을 수 있다면 정상인과 같은 생활을 할 수 있다. 이런 기초적인 단계를 지나면 인간 능력을 극대화하는 목표가 눈에 들어온다. 공상과학 영화에나 나오는 이야기가 현실화된다. 즉 근육을 지탱해서 로봇과 같은 막강한 힘을 내게 되는 것이다. 이 경우 단순히 기계를 몸에 입은 것이 아니라 두뇌와 연

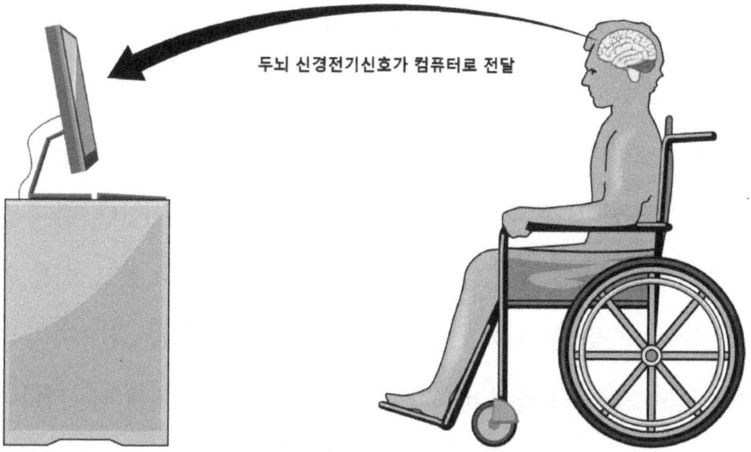

그림 2-18 **두뇌-기계 연결: 두뇌로 기계를 움직일 수 있으면 역으로도 가능하다. 즉 두뇌 입력이 가능한 시대가 온다**

결되어있어야 한다. 두뇌-기계 연결Brain Machine Interface 분야다. 즉 마음 먹은 대로 기계를 움직이는 '심령술'이 현실화될 수 있다. 이런 뇌과학 분야는 바이오 분야 중에서도 청소년이 가장 재미있어하는 분야다.

⑤ 뇌과학은 이제 시작이다

두뇌는 컴퓨터다. 외부(키보드)에서 들어오는 명령과 정보를 중앙연산장치CPU가 정해진 논리에 따라 계산하고 판단하는 컴퓨터다. 두뇌로 들어오는 입력은 시각, 청각 등이다. 눈으로 들어오는 영상을 망막세포가 하나하나 분리해서 여러 개 연결된 픽셀 형태로 뇌에 보낸다. 뇌 속에는 뇌세포(뉴런)들이 회로를 형성하고 있다. 시신경을 통해 들어오는 연결된 픽셀들은 하나의 회로망을 형성한다. 그 회로망이 기억되면 그 장면이 기억되는 것이다. 만약 눈 대신 카메라가 보내는 신호를 뇌가 해석하게 하면 장님도 카메라를 통해서 물체를 볼 수 있다. 지금 연구 단계는 카메라 신호를 뇌에서 실제 장면으로 인식하게 하는 단계다. 청각은 이미 인공와우로 초보적인 청각 기능을 대신한다. 다시 말해 뇌 작동 원리를 알면 알수록 뇌 기능을 극대화할 수 있고, 이를 외부 기계에 연결하는 일이 가능해진다는 이야기다. 실제로 원숭이 두뇌에 전극을 꽂고 그 앞에 바나나를 놔준다. 원숭이 두뇌에서는 바나나를 먹고 싶은 욕망이 전극을 통해 전기신호로 방출된다. 그 전기신호를 로봇 팔에 연결시켜 놓으면 로봇 팔은 두뇌의 생각만으로 움직여서

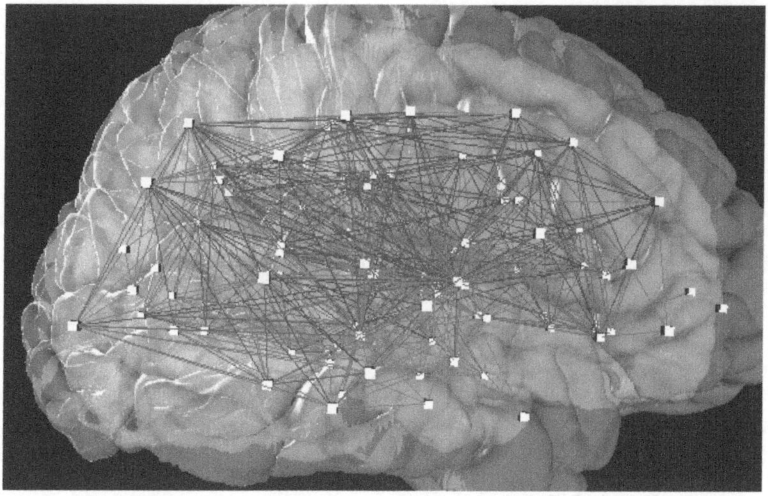

그림 2-19 **뇌 연결망 지도: 뇌세포(뉴런)들이 서로 어떻게 연결되었는지 알면 뇌의 중요 기능들을 이해하고 조절할 수 있다**

바나나를 잡게 된다.

두뇌를 연구하는 뇌과학 분야는 인류가 지향하는 최종 목적지처럼 보인다. 미국 정부는 인간 게놈 프로젝트를 완성하고 이제 뇌 연결망 Connectome 프로젝트에 돌입했다.

뇌는 1000억 개 뇌세포(뉴런)들이 그물망처럼 연결되어 일을 한다. 기억을 하고 계산을 한다. 이 뉴런들이 서로 어떻게 연결되어있는가를 조사하는 것이 뇌 연결망 프로젝트다. 두뇌에 어떤 자극을 주면 어떤 부위가 활성화되는가를 좀 더 세밀하게 연구하는 셈이다. 예를 들면 자동차 사고의 기억은 어떤 뉴런들이 서로 연결되어 형성되는가,

또 그 기억을 꺼내려면 어느 부위 뉴런이 관여하는가를 알 수 있다. 그게 가능하면 무슨 일을 할 수 있을까? 예를 들어 어릴 적 성폭행 사고를 당한 트라우마 환자가 있다 하자. 이 환자는 평생 이 기억으로 고통을 받는다. 이를 지울 수 있을까? 현재 연구 단계는 기억이 어떻게 생기는가, 어떻게 지워지는가를 밝히고 있다. 쥐를 대상으로, 뉴런 하나하나에 빛에 반응하는 유전자를 삽입한다. 이후 LED 빛을 쏴주면 그 뉴런만 행동을 하게 된다. 즉 특정 뇌세포를 외부에서 조종할 수 있게 되는 것이다. 이 방법으로 기억 형성 원리를 찾아냈고 다시 기억을 지우는 방법도 알아냈다.

뇌과학이 당면한 목표는 뇌질환 치료다. 치매, 파킨슨 등 고령화 사회의 대표적인 질병들이 왜, 어떻게 생기고 어떤 대응책이 있는가가 관심 분야다. 치매 환자에서 발견되는 비정상 엉김물질(베타아밀로이드, 타우)이 왜 생기는지는 이제 조금씩 알아가고 있다. 20년 전부터 서서히 침적되기 시작하는 단백질 덩어리인 베타아밀로이드는 초반 진단이 중요하다. 즉 이미 엉겨있는 상태면 되돌리기가 쉽지 않아서 미리 진단할 수 있는 방법에 연구가 집중되어있다. 치매가 생기는 원인으로 지목되고 있는 이 엉김물질(베타아밀로이드)은 특정 단백질이 제대로 처리되지 않아서 서로 엉겨 생긴다. 이렇게 엉긴 물질이 두뇌 신호전달물질인 아세틸콜린 흐름을 방해한다. 아세틸콜린 분해를 막으면 이 물질이 줄어드는 것을 막을 수 있다. 현재는 이 효소억제제가 유일한 치료제이다. 이제는 뇌를 세포 하나하나 단위로 들여다보면서 왜 치매가 생기는지를 밝히고 있다. 엉김물질이 중요 역할을 하지만 근본적으로 치매를 일으키는 원인은 무엇인지 찾고 있다. 뇌 연결망 지도 Connectome가 완성되면 뇌신호가 어디에서부터 시작되는지, 어떤 경로로 흘러가는지를 손금 들여다보듯 알 수 있게 된다. 블랙박스로만 취급되었던 두뇌 핵심 기능들이 이제 조금씩 베일을 벗고 있다.

⑥ 스마트 헬스 관련 전공: BT(기초 생명과학: 세포공학, 생화학), IT(바이오 정보 분야: 네트워크, 빅데이터, 신호처리), NT(공대 엔지니어링: 전기, 기계, 나노 분야, 고분자 분야)

바이오센서, 인체 증강, 뇌과학은 융합학문이다. 우선 인체, 세포를 다루는 생물학BT 분야가 필요하다. 예를 들면 후각세포가 어떻게 냄새 분자와 결합하는지를 알아야 이 유전자를 대장균에서 생산할 수 있다. 뉴런세포와 뉴런세포 사이 연결점인 시냅스는 무슨 물질로 단단해지고 그래서 기억이 오래가는지를 알아야 한다. 세포생리, 세포공학, 신경전달 등 사실상 바이오 핵심 분야가 모두 망라되어있다. 다음은 정보IT 분야가 필요하다. 후각센서를 만들려면 컴퓨터에 수많은 냄새 분자 데이터가 들어가 있어야 한다. 그래야 바이오센서 부분에서 나오는 신호가 어느 냄새 분자에 해당되는지를 확인할 수 있다. 실제로 냄새 분자는 한 수용체에만 달라붙지 않고 여러 개에 동시에 달라붙는다. 이를 해결하려면 정보기술이 필요하다. 다음은 나노[NT] 분야가 필요하다. 센서는 머리카락보다 가느다란 탄소섬유 위에 수용체 단백질을 접착시켜야 한다. 따라서 아주 미세한 구조를 능숙하게 다룰 수 있어야 한다. 실제 서울공대에서 수행 중인 후각센서 연구는 생명공학, 재료공학(나노 분야), 그리고 전기전자 분야(정보기술) 과학자들이 공동 참여하고 있다. 이런 융합 연구는 점점 더 필요해지는 추세다. 한 분야만으로 해결할 수 있는 문제보다는 여러 학문이 달라붙어야 되는 문제가 많다. 뇌과학도 마찬가지다. 우선 두뇌를 연구하는 뇌신경학자(의대, 생명과학과), 뇌세포를 하나하나 추적할 수 있는 광학기술, MRI기술(공대), 뉴런을 세포 수준에서 파헤칠 분자생물학자(생명공학), 뇌에서 나오는 수많은 뇌파데이터를 해석하는 통계학자(정보기술) 등 다양한 분야 연구자가 있어야 가능한 이야기다.

(3) 합성생물학

① DNA를 주물러 새로운 회로를 생물체 내에 만든다

2016년 스위스 산골 마을 다보스에 페이스북 저커버그 등 세계에서 내로라하는 인물들이 총출동했다. 다보스 포럼에서는 인공지능, 로봇, 사물인터넷, 자율주행차를 4차 산업혁명 시대 핵심 기술로 꼽았다. 그런데 생소한 단어가 눈에 띈다. '합성생물학'이다. 새로운 생물체를 만든다는 이야기인가? 20년 전에 비해 DNA 염기 분석 비용이 염기당

10달러에서 0.0001센트까지 줄었다. DNA 합성 비용은 염기당 10달러에서 이제는 0.1달러가 되었다. DNA를 읽어내기도 만들기도 쉬워졌다는 이야기다. 합성생물학은 DNA를 총알처럼 만들어내고 분석한다. 이렇게 DNA를 자유자재로 다룰 수 있으면 무엇을 할 수 있나? 그것이 합성생물학Synthetic Biology 분야가 뜨는 이유다.

합성생물학은 DNA 합성과 분석을 통해 생물체 특성을 바꾸는, 즉 새로 만드는 일을 한다. 30년 전 시작된 유전공학도 DNA를 분석하고 붙일 수 있었다. 하지만 속도와 규모에서 비교가 되지 않는다. 예전 방법이 구식 장총이라면 지금의 합성생물학은 기관총이다. 연구자들은 어떤 생물체를 통째로 바꾸려 하고 있다. 예를 들면 대장균에서 휘발유를 만들려 한다. 대장균은 원래는 휘발유를 만들지 않는다. 하지만 휘발유를 만드는 과정에 해당하는 유전자들을 실험실에서 만들어서 대장균 안에 카세트처럼 집어넣는다. 지구상에 없던 합성 대장균이 생긴 셈이다. 휘발유를 만드는 유전자는 다른 미생물에서 가져올 수도 있고 새로운 유전자를 합성해서 만들 수도 있다. 다른 미생물들의 유전자 정보를 모두 알 수 있기에 가능한 일이다. 최근에는 세상에 없던 효모를 만들었다. 이 효모 안에서는 전통적으로 쓰이는 신호체계가 아닌 다른 신호(신규 tRNA)도 사용되었다. 지구상에 없던 효모 게놈이 만들어진 셈이다. 이렇게 성질이 다른 미생물을 만드는 목적은 휘발유 같은 새로운 물질을 만들고자 함이다. 대장균이 포도당을 먹고 휘발유를 만든다면 새로운 에너지를 만드는 셈이다. 또한 환경오염 물질을 분해하는 미생물을 새로 만들 수도 있다.

② 합성생물학 관련 전공

DNA 합성, 분석 등 기초 분야와 화학 분야, 그리고 원하는 방향으로 대사 경로를 설계할 수 있는 공학적 설계 능력, 게놈 정보를 자유자재로 다루는 생물정보학, 미생물을 다루는 기초 분야, 환경 및 에너지에 적용할 수 있는 응용 능력이 모두 필요하다.

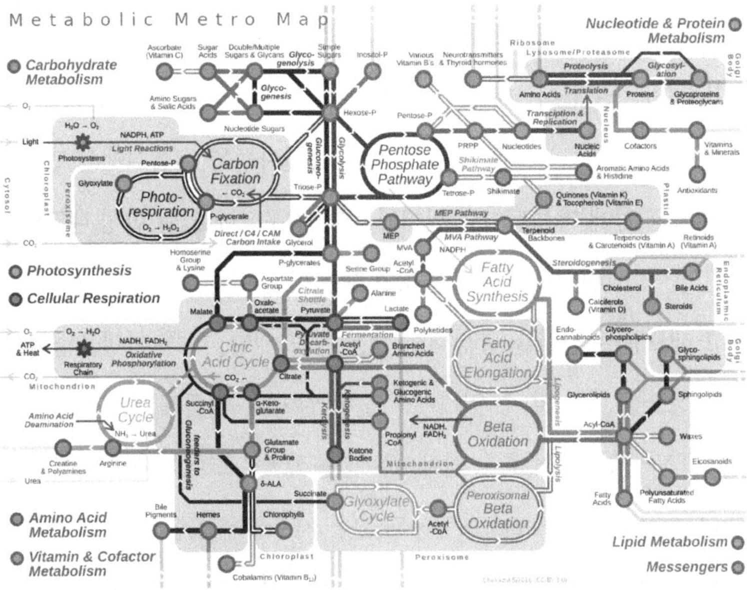

그림 2-20 **합성생물학: 세포 내 회로를 분석, 제조해서 새로운 유전자와 신규 회로를 만들어 전에 없던 미생물을 만들어내기도 한다**

(4) 바이오에너지, 바이오플라스틱

① 지구온난화: 인구 및 개인당 에너지 소비 증가가 주범

지구가 더워지고 있다. 조금만 온도가 올라가도 지구환경은 크게 영향을 받는다. 최근 연이은 폭염, 계속되는 폭우 등은 단순한 이변 수준을 넘어 변화된 지구환경 때문이라고 전문가들은 생각한다. 지구온난화 원인은 늘어난 이산화탄소가 지구 복사열을 잡아두는 '온실효과' 때문이다. 미국 일부 정치가들은 지구온난화가 늘어난 화석연료 소비 때문이 아니라 빙하기와 간빙기 때문이라고 주장한다. 하지만 빙하기 패턴을 봐도 급격히 이산화탄소가 증가한 시점은 산업화에 따른 화석연료 사용 시기와 일치한다. 미국이 기후협약에 참여하지 않는 것은 선진국이 지구온난화에 직접적인 연료 소비를 많이 하고 있음을 인정하지 않으려는 꼼수다. 지구촌 전체 문제를 외면하고 있는 것이다. 비난받을 만하다.

지구 이산화탄소는 동물의 소화 과정, 공장의 화석연료 사용, 자동차 운행 등 다양한 요인이 있지만 무엇보다 산업화 이후 급속 증가한 개인당 에너지 소비량이 원인이다. 30년 전만 해도 1년에 한 번, 명절에만 목욕탕에 갔다. 집에서도 목욕이라고 해봐야 큰 솥에 물을 데우고 여러 명이 차례로 씻었을 뿐이다. 지금은 인구도 급격히 늘었고 샤워 횟수도 하루 최소 1회로 늘었다. 이런 화석에너지 소비가 줄지 않는 한, 지구온난화는 멈추지 않고 급속 진행할 것이다. 이산화탄소를 줄여야 한다. 화석연료인 석유, 석탄, 가스를 대체할 에너지 개발이 필요하다. 에너지를 사용했을 때 이산화탄소가 나오지 않으면 최고다. 화석연료가 떨어지면 어떤 대안이 있을까? 바이오테크놀로지가 할 수 있는 일은 무엇일까? 첫째, 바이오에너지다. 지구가 공짜로 만들어내는 나무들을 에너지원으로 쓰는 방법이 있다. 둘째, 인공광합성이다. 태양 빛으로 바로 녹말을 만들고 이것으로 알코올을 만들어서 차를 굴리는 방법이 있다.

② 식물에서 만드는 바이오연료

지구 대기상 이산화탄소가 증가한 것은 이산화탄소 생산량이 많아지기도 했지만 이산화탄소 제거량이 줄기도 해서다. 이산화탄소는 지구 식물의 광합성으로 줄어든다. 그런데 나무가 줄어들고 있다. 아마존 밀림이 점점 줄어드는 것처럼 개발이라는 이름하에 산림이 줄고 있다. 따라서 지구온난화를 막으려면 화석연료를 쓰지 말고 나무를 많이 심어야 한다. 화석연료 대신 쓸 수 있는 대체에너지는 무엇이 있을까? 원자력, 태양광, 수력, 풍력, 조력, 바이오에너지다. 이들은 각각 장단점이 있다. 원자력은 안전, 사후 처리, 원료 고갈이 단점이고 저가 공급이 장점이다. 태양광은 넓은 부지 소요가 단점이다. 풍력은 실제로는 많은 면적이 필요하고 소음이 생긴다. 조력은 규모가 작다. 수력은 이미 할 만큼 했다. 그렇다면 바이오에너지는 어떤가?

바이오에너지란 식물에서 에너지를 만드는 것이다. 식물은 햇빛만 있으면 자란다. 인도네시아 팜유는 나무 열매 속 기름을 짜내면 얻는다. 브라질 사탕수수에서는 설탕을 빼내고 남은 찌꺼기로 효모 발효를 해서 알코올(술)을 만든다. 이 알코올로 택시를 움직인다. 강변의 갈대도 바이오 에너지원이다. 갈대는 셀룰로오스다. 미생물이 이를 분해하면 포도당으로 바뀐다. 포도당에서 알코올을 만들면 이것이 바이오에너지다. 결국 지구상에 있는 모든 식물, 즉 바이오매스biomass는 바이오에너지를 만드는 원료다. 이론상 완벽한 대체에너지다. 문제는 경제성이다. 지금 석유 가격보다 저렴해야 경쟁력이 있다. 물론 앞으로 석유 가격은 오를 것이다. 원유는 연료보다는 화학제품 원료로 쓰여야 하고 그때쯤이면 바이오에너지가 빛을 볼 것이다. 바이오에너지는 중요한 산업기반기술이다. 열대우림이 있는 인도네시아 등에서 팜유를 수입하고 이를 정제하여 바이오디젤로 만드는 일은 SK, GS 칼텍스 등 정유회사들의 주 관심사다.

바이오에너지의 또 다른 분야는 미세조류에서 만드는 바이오디젤이다. 미세조류란 바다에서 사는 작은 생물체인 조류다. 거대조류는 미역, 다시마 등이다. 미세조류란 광합성을 하는 작은 식물 세포가 떠다니는 것이라고 생각하면 된다. 그중에는 적조를 일으키는 것도 있다. 적조는 붉은색 미세조류가 급격히 늘어나서 발생한다. 바다로 오염물질이 유입되는 강 부근 해안에서 자주 발생한다. 오염물질 속 질소, 인

그림 2-21 **미세조류 배양 장치: 해양 미세조류는 광합성으로 세포의 70%까지 지질(바이오디젤 원료)을 만든다**

등이 미세조류 먹이가 되면서 광합성을 통해 탄소를 만드니 성장이 급격히 늘어나는 것이 적조다. 미세조류 중에서 붉은 색소를 만들기 때문에 적조라 이름 붙여졌다. 미세조류는 다양하다. 어떤 미세조류는 세포 내에서 70% 이상인 기름(지질, Lipid)을 만든다. 지질은 디젤을 만드는 원료다. 이 미세조류를 인공적으로 키워서 세포 내 지질을 회수하여 디젤을 만들면 바이오디젤이다. 인공적으로 키우는 방법은 유리로 만든 큰 배양기 안에 태양 빛을 공급하고 영양소인 질소, 인을 공급하면 된다. 육지의 유리 배양기에서 키워도 되지만 해양에서 키우면 더 좋다. 해변에서 적조가 생기듯이 미세조류를 키우는 것이다. 식물 광합성을 산속 나무가 하면 좋지만 육지 면적이 좁으니 바다로 옮겼다 생각하면 된다. 물론 현재 미세조류 바이오디젤은 가격 경쟁력이 아직은 부족하다. 화석연료인 석탄, 석유, 천연가스가 동이 날 무렵에는 바이오에너지가 가격 경쟁력을 확보할 것이다.

③ 식물을 모방한 인공광합성

지구 식량, 에너지, 온난화 문제 핵심을 쥐고 있는 것은 식물, 그중에서도 광합성이다. 식물이 지구에 도달하는 태양에너지로 광합성을 통해 식량을 만들고 있기 때문이다. 지금 지구는 태양 에너지로 살아가고 있다. 대체에너지로 태양광에너지, 풍력에너지를 쓰려는 노력은 결국 태양에너지를 잡아서 쓰겠다는 이야기다. 그런데 지구상에서 태양에너지를 가장 많이 잡아 쓰는 것은 무엇일까? 그건 식물이다. 즉 나무, 풀들이 태양에너지를 에너지원으로 광합성을 해서 감자, 고구마를 만든다. 식물 광합성은 태양에너지를 감자로 만드는 가장 효율적인 에너지 전환 방법이다. 태양광이나 풍력발전은 전기는 만들지만 감자, 고구마는 못 만든다. 우리에게 필요한 건 식량인데 말이다. 과학자들이 식물 광합성을 닮은 인공광합성을 연구하는 이유다.

현재 광합성은 빛에너지를 잡는 부분과 잡은 에너지를 식량(탄수화물)으로 바꾸는 두 단계, 즉 광반응과 암반응이 있다. 과학자들은 1단계, 즉 빛에너지를 잡는 부분은 잘해나가고 있다. 이미 태양광발전을 통해 기술을 축적했기 때문이다. 문제는 2단계다. 잡은 빛에너지를 탄수화물로 만드는 과정은 광합성 암반응, 즉 '크레브스Krebs' 사이클에 해당된다. 많은 효소들이 관여하는 다단계 반응이다. 화학적으로 이를 모방하기는 쉽지 않다. 현재는 가장 간단한 화합물인 메탄올을 만드는 수준이다. 하지만 중요한 건 빛에너지를 이용해서 유기화합물을 만들었다는 이야기다. 남은 부분을 완료하면 이제 인공광합성이 완성된다. 그러면 태양광 패널처럼 설치만 해놓으면 거기에서 식량을 얻을 수 있다. 나무처럼 물을 주지 않아도 되고, 땅이 필요하지도 않다. 빛만 있으면 된다. 식량을 얻을 수 있으면 그 패널에서 휘발유도 만들 수 있다. 현재로서는 인공 광합성 효율이 식물 효율보다 낮다. 하지만 식물 광합성 효율도 최고 수준은 아니다. 식물이 잎에 닿은 태양에너지를 모두 받으면 잎은 타버린다. 잎은 성장에 필요한 만큼의 빛만 잡아서 사용하기 때문이다. 어쨌든 인공광합성 기술은 화학, 생물학, 나노공학, 전기, 물리 등 모든 영역 기술이 총망라되어야 식물 광합성을 따라할 수 있는 분야다.

④ 바이오플라스틱이 대세다

2017년 세계 각국 수돗물 속에서 미세플라스틱이 발견되었다. 2018년 미국 미시간호에서 잡힌 모든 물고기 배 속에는 미세플라스틱이 있었다. 어디에서 온 것일까? 우리가 버리는 플라스틱이다. 비가 오면 강가에 떠다니는 플라스틱들이 잘게 부서져서 태평양에 도달하고 호수에 모여든다. 태평양에는 이런 미세플라스틱이 떠다니는 소위 '쓰레기 섬'이 존재한다. 한반도 7배 면적에 해당한다. 미세플라스틱은 콩알만 한 알갱이다. 새들이 먹고 물고기들이 먹는다. 새, 물고기들의 성장을 방해하고 문제를 일으킨다. 단순히 물리적인 문제만이 아니다. 이들 미세플라스틱에는 각종 유해물질이 달라붙기 쉽다. 친유성이기 때문이다. 달라붙은 독성물질이 농축되어 고스란히 물고기들에게 전달되고 그 몸에 농축된다. 바다 유해물질을 농축해서 우리가 먹는 셈이다.

플라스틱이 세상에 나온 건 150년 전이다. 이제 세상은 플라스틱 없이는 살 수 없다. 슈퍼에서 공급하는 쇼핑백, 농가의 비닐하우스, 밭에서 고구마 싹을 보호하는 비닐 막, 일회용 주사기 등은 인류를 한층 편하게 만들었다. 이제는 인류 최고 발명품인 플라스틱을 현명하게 사용할 시간이다. 썩지 않는 플라스틱이 환경에 나오면 처치 곤란이다. 결국은 미세플라스틱이 되어 물고기로, 수돗물로 되돌아온다. 이에 대처해야 할 때다. 플라스틱 사용 후 재처리 방안, 회수 방안 등이 현실적인 대안이다. 하지만 유럽 등 시민들처럼 플라스틱 회수 및 재사용(리사이클)에 적극적인 나라도 그 비율이 26%다. 선진국이라는 미국도 8.8%다. 국민들의 자발적인 리사이클만으로는 해결이 안 된다는 이야기다. 궁극적으로는 생분해되는 플라스틱이 필요하다.

플라스틱이 분해되려면 원료가 현재 것과 달라야 한다. 현재는 석유화학 유래 물질로 플라스틱 내 화학결합이 미생물에 의해 분해가 되지 않는 결합이다. 생분해되는 원료는 현재는 폴리락틱(젖산), 폴리아미드, 폴리하이드록시 알카노이드 등이다. 대부분 미생물 발효에서 만들어지는 원료를 사용해서 만든다. 일부 생분해성 제품들이 상용화되었다. 이들 원료는 생물 유래 원료인 바이오매스에서 만들어진다. 옥수수, 전분, 사탕수수, 피마자유, 나무, 풀, 농산 부산물 등을 원료로 하여 미생물로 발효하는 경우가 대부분이다. 음식물 쓰레기를 발효해도 젖산이 만들어진다. 그런데 생분해 원료를 사용하여 플라스틱을 만들 때도 우리는 선택할 수 있다. 즉 생분해가 되게 하거나 안 되게 할 수 있다. 하지만 생분해되는 플라스틱은 강도가 약한 경우가 많다. 이는 극복해야 할 기술적 문제다. 궁극적으로는 강도가 충분히 좋고 사용 후 폐기해도 나무처럼 썩어서 없어지는 플라스틱이 나와야 한다. 지금은 차량 플라스틱 일부, 페트병 등에 생분해성 플라스틱이 사용되고 있다. 하지만 가격 경쟁력이 기존 플라스틱을 따라잡지는 못하고 있다.

산업체들은 플라스틱 원료를 기존 석유화학물질에서 벗어나 바이오매스에서 만들려 한다. 바이오 유래 소재로 대체하려는 경향은 플라스틱 원료뿐 아니라 다른 화학원료에도 적용된다. 사실 석유에서 나오는 것은 최초 석유 원료인 나무에서 나올 수 있다. 나무가 오랫동안 지하에서 저장, 변화되어 석유가 되었기 때문이다. 이제는 석유 대신 나무에서 직접 원료를 뽑아내는 연구가 진행되고 있다. 나무에서 나올 수 있는 원료는 또한 미생물 배양을 통해서도 만들 수 있다. 결국 지구에서 매년 만들어지는 수많은 나무, 풀을 원료로 플라스틱 소재를 만들어내면 석유 대체 원료를 만들 수 있다. 무엇보다 이 바이오매스 Biomass(나무, 풀 등 자원으로 쓰일 수 있는 동식물)는 태양만 있다면 매년 공짜로 만들어지는 무궁무진한 원료다.

⑤ 바이오에너지, 바이오플라스틱 관련 전공

에너지를 많이 다루는 학과는 공대다. 나무에서 에너지를 만드는 과정은 분해, 효소처리, 발효 등 물리, 화학, 생물 공정이 필요하기 때문이다. 물론 나무 성분인 셀룰로오스를 분해하는 미생물을 분리하고 유전자를 조절하려면 미생물학, 분자생물학 등 기초과학 전공이 필요하다. 생명공학에서 'Upstream'이라고 불리는 부분은 생물체를 조절, 조작하는 부분으로 생물학과, 분자생물학과, 생화학과 등이다. 반면 'Downstream'이라 부르는 부분은 응용 분야다. 물질을 분리해내고 농축하고 변형시켜서 상품화를 하는 공정이다. 바이오에너지의 많은 부분은 이 공정Downstream이다. 나무, 풀 등 바이오매스를 공학적으로 처리해서 에너지물질을 추출해야 하기 때문이다. 인공광합성도 공학적 성격이 많다. 태양에너지를 잡는 물질은 태양광에 쓰이는 물질이 대부분이다. 공대 중에서도 재료를 다루는 부분이다. 잡은 에너지에서 녹말을 만드는 부분은 많은 유전자, 효소가 관여한다. 이것을 인공적으로 만드는 부분은 합성생물학에 가깝다. 유전자들을 합성하고 원하는 방향으로 회로를 구성해야 하기 때문이다.

PART
03

대학 전공:
평생 진로 선택 첫 단계

01

단과대, 학과별 다양한 바이오 전공 파헤치기

대학 바이오 학과: 기초와 응용으로 구분

바이오 분야를 하고 싶다면 의대, 약대, 수의대, 자연대, 공대, 농대 등 수많은 대학, 학과 중 어느 학과를 지원해야 할까? 먼저 과학과 기술의 차이를 보자. 과학Science과 기술Technology. 가장 이해하기 쉬운 차이점은 바로 돈이다. 즉 과학은 돈을 써서 기초 지식을 찾고 기술은 그 기초 지식을 사용하여 돈을 번다. 어떤 분야이든 두 개가 서로 도와주어야만 발전한다. 기초로 지식을 얻고 이 지식이 기술로 상용화되어 돈이 들어와야 기초연구에 더 집중할 수 있다. 기초가 튼튼하지 못하면 기술도 맥을 못 춘다. 바이오는 특히 더 그러하다. 뚝딱뚝딱 집을 짓는 것처럼 하루아침에 신약이 만들어지지 않는다. 아주 단단한 기초 위에서 비로소 신약이 탄생한다. 세계 제약 시장 51%를 상위 15개사가 독점하는 이유다. 대학 바이오 분야도 두 분야로 대분된다. 기초과학과 응용기술 부분이다. 그러나 모든 학문, 특히 바이오는 무 자르듯 순수과학과 응용기술이 구분되지 않고 중간 영역이 많이 있다. 과학을 전공한 사람이 산업화 방향으로 집중할 수도 있다. 대학 전공도 이와 유사하다. 즉 자연(이학) 계열은 기초학문을, 응용(주로 공학) 계열은 응용학문을 주로 한다. 하지만 중간 영역에 해당하는 전공도 많다. 따라서 대학, 과를 선택할 때는 이를 고려해야 한다.

자연(이학) 계열은 생물, 물리, 화학, 수학이 기본 전공이다. 자연대학에 속했다면 일단 순수 학문 분야로 본다. 생물학이란 이름 대신 생명과학, 생명공학 이름을 사용한 과도 있다. 그래도 순수과학이 근본이다. 공대에 속했다면 응용학문으로 본다. 과 명칭은 역시 제각각이다. 생명공학과, 생명과학과, 바이오헬스과, 응용생명공학과, 산업생명공학과 등 여럿이다. 이과대학, 공과대학 다음에는 농과대학이 있다. 서울대 농과대학은 농업생명과학대학으로 이름을 변경했다. 농과대학은 대개 기초와 응용학문이 섞여있다. 서울농대 응용생명화학부에는 응용생명화학 전공과 응용생물학 전공이 있다. 둘 다 기초에 해당하는 교수들이 많이 있다. 바이오시스템소재학부는 응용에 가까운 연구를 많이 한다.

요약하면 이과대학, 공과대학은 비교적 구분이 쉽다. 즉 순수학문과 응용학문이다. 반면 농학 계열은 두 분야, 즉 순수와 응용이 섞여있다. 또 다른 이름의 대학도 있다. 바로 바이오 계열 대학이다. 이학, 공학이 따로 혹은 섞여있는 경우도 있다. 연세대학은 생명시스템대학이란 이름으로 바이오 관련 전공이 모여 있다. 그 안에 있는 학과 중 시스템생물학과, 생화학과는 기초 분야 교수들이 많고 생명공학과는 응용기술에 가까운 편이다.

과 이름만을 가지고 그 과가 기초인지, 응용성이 강한지, 3색으로 분류한 산업(보건의료, 농업 및 식품, 공정 및 에너지) 중 어느 것에 중점을 두는지를 파악하기는 힘들다. 정확하게는 해당 교수 전공으로 결정된다. 과 특성을 파악하기 제일 좋은 방법은 다음과 같다. 일단 대학으로 판단하라. 이과(자연)대학, 공과대학, 농과대학은 각각 특성이 있다. 바이오 전공만을 따로 모아놓은 '바이오 특성화' 대학 내 학과는 학과 과목, 교수 전공을 보고 판단하라.

넓게 알고 깊게 파야 커지는 바이오 분야

이제 고등학교에서 이과, 문과 구분이 없어진다. 바이오 분야에서도 굳이 기초와 응용을 구분할 필요는 없다. 따라서 '나는 순수학문을 하겠다'는 생각을 하지 말자. 순수학문이 좋다고 하더라도 응용 분야를 모른다면 내 연구는 빛을 보기가 쉽지 않다. 반면 응용 분야에 관심을 가지고 있다면 기초연구가 중요한 정보를 제공해줄 것이다. 다시 정리해보자. 순수한 호기심으로 과학을 해도 된다. 사실 그게 과학의 시작이다. 하지만 순수과학이 탄력을 받으려면 그것이 응용에 큰 영향을 미쳐야 한다. 즉 그 기초과학 지식을 쓰려고 하는 사람이 많아질수록 그 기초 분야는 더 힘을 받아서 발전한다.

반면 나는 응용하는 것이 재미있다고 해도 기초를 모르면 모래 위에 지은 집이다. 예를 들어 항생제 생산 유전자가 어떻게 작동하는지도 모르고 그 유전자를 이용해서 항생제를 다량 만들 수는 없다. 전문가가 되려면 두 분야 모두 관심 있게 봐야 한다는 의미다. 하지만 대학, 학과를 결정할 때는 신중해야 한다. 최소한 본인이 순수학문에 관심 있는지 아니면 응용에 흥미가 있는지를 먼저 알아야 한다. 그다음에 지원하려고 하는 학과 교수 전공을 살펴봐야 한다. 대학 학과에서 4년 동안 배우는 내용은 그 학과 교수들이 20년 동안 배운 내용이다. 교수들은 배운 분야와 크게 다른 분야를 가르치지 않는다. 가르치지 못한다. 가르쳐서도 안 된다.

잊지 말아야 할 사항이 있다. 기초학문을 하건 응용 분야를 하건 돈이 관계되어있다고 했다. 즉 기초학문은 돈을 써서 연구하고 응용학문은 기초학문 결과로 돈을 번다고 했다. 그렇다고 혼돈하지 마라. 기초

건 응용이건 둘 다 돈을 벌 수 있다. 월급이나 연봉은 내 학문 분야에 따라 결정되는 게 아니고 그 분야에서 얼마나 뛰어난가에 달려있다. 결론은 하고 싶은 일을 하면 돈은 자연히 따라온다는 것이다. 돈을 벌려고 생각하면 돈은 아주 멀리 도망간다.

단과대학별 특성은 다르다

생명공학과, 화학생명공학과, 생명과학과, 분자생물공학과 등 비슷비슷한 이름의 생명공학 관련 학과들이 대학마다, 또 각 단과대학별로 여러 개 있어서 선택을 하기가 쉽지 않다. 어떤 대학에서 무슨 일을 하는지 안다면 본인이 좋아하는 적성을 찾아가서 즐겁게 배울 수 있다. 대학별로 정리해보자.

① 의대는 치료한다

의대는 의사를 키운다. 따라서 바이오 연구 분야 최고 단과대학이다. 왜냐하면 바이오산업의 가장 중요한 분야가 건강의료이기 때문이다. 바이오 분야 중 특히 생명Life을 다루는 생명공학은 바로 병을 고치는 일과 직결되기 때문이다. 의대가 생명공학을 연구하기에 최적인 가장 큰 이유는 환자들과 직접적으로 접촉할 수 있는 법적 권리가 보장된 유일한 곳이 의대라는 것이다. 즉 의사 면허가 없으면 인체 샘플을 얻을 수도, 또 필요한 실험을 인체에 해볼 수도 없다.

하지만 바이오 과학(생명공학)을 본격적으로 연구하려는 사람들은 의과대학 특성을 잘 알아야 한다. 첫째, 의대는 기본적으로 환자를 치료하는 곳이다. 연구보다 환자 치료가 먼저다. 환자를 직접 진료하고 수술하는 의사들 중 극히 일부, 즉 대학병원 의사 정도나 되어야 치료에 필요한 연구를 같이 병행할 수 있다. 그것도 여건이 좋은 일부 대학병원에서만 가능하며 대부분 대학병원 의사들은 환자 치료에 많은 시간을 투입하고 있는 것이 현재 실정이다.

둘째, 대학병원은 연구를 집중적으로 하는 '기초의학 교실'이 별도로 있다. 이곳은 의대생들에게 기초 과목을 가르치기도 하지만 인체에 필요한 연구를 주로 한다. 연구에 집중하는 이곳은 주로 이학박사PhD, 즉 자연대에서 학위를 한 사람들이 많이 차지하고 있고 드물게 의학박사MD, Medical Doctor도 있다. 대학병원에서는 환자를 보는 임상의사와 연구만을 하는 연구교수가 공동으로 연구를 하는 경우가 많다. 새로운 치료법이나 치료제를 만들기 위해 환자들의 샘플을 채취하거나 또는 새로운 치료법을 환자에게 적용해보는 임상연구를 진행한다.

셋째, 대학병원에 있는 의사는 전체 의사의 10%도 안 된다. 대학병원이라도 일부 의사들만이 겨우 시간을 내서 연구를 할 정도로 환자를 보는 일에 많은 시간을 투자한다. 따라서 의과대학을 졸업하고 연구를 할 수 있는, 즉 제법 규모가 있는 대학병원에 자리 잡기란 '하늘의 별 따기'이다. 대부분 의사들은 의과대 졸업 후 인턴, 레지던트 훈련을 마친 후 좀 큰 병원에서 경험을 쌓고 일하다가 90% 이상이 개업 혹은 병원 취업을 한다. 개업, 취업한 경우 연구보다는 매일 환자를 치료하는 일이 무엇보다 급선무이다. 결론적으로 의대에서 의사로서 생명공학 연구를 하려면 무척 노력을 해서 내로라하는 대학병원에서 임상연구를 하겠다는 굳은 결의가 있어야 한다.

치료하는 의사보다는 전임연구자로서 의사를 택하는 의학도들도 물론 아주 드물게 있다. 이들은 의대 졸업 후 바로 의대 기초연구실이나 국립 연구소, 회사 연구소에서 근무를 한다. 의사이기 때문에 환자와 접촉이 법적으로 가능하고 또 인체 샘플을 얻을 수도 있고, 인체에 적용할 수도 있는 장점이 있다. 무엇보다 이들은 인체 구조, 인체 질병에 대해 누구보다 많은 지식과 경험을 가지고 있다. 그래서 다른 분야, 예를 들어서 IT 전공 교수와 함께 심장박동 이상을 자동 감지하는 스마트센서를 개발하기도 한다. 다른 어떤 그룹보다도 의사가 속해있으면 여러 면으로 현실적인 아이디어와 실용적인 제품이 나온다. 치과대학도 그 범위가 치아인 것만이 다를 뿐 연구 환경과 할 수 있는 일은 의대와 거의 유사하다. 수의대는 대상이 인간이 아닌 동물이란 것만 빼면 의대와 같은 상황이다.

② 약대는 약을 만든다

약대는 약사를 키운다. 약사는 약을 만드는 사람들이다. 약은 바로 인체에 적용하는 '손에 잡히는 치료물질'이다. 바이오테크놀로지가 인간 질병을 치료하고 건강하게 사는 것을 목표로 한다면 약대는 바이오 분야, 특히 생명공학 현장이다. 약대에서는 항생제, 항암제, 소화제, 두통약 등 약이라는 약은 다 만든다. 당연히 이런 병이 왜 생기는지를 알아야 해당 약을 만들 수 있다. 인체에 적용했을 때 어떤 식으로 작용을 하는지, 인체에는 부작용이 없는지를 연구한다. 바이오 중심 키워드는 결국 의술과 치료약이다. 의사들 치료 방식이 수술과 약물 처방이라면 이 약을 만드는 곳이 약대이니 당연히 바이오 중심 대학이다. 바이오테크놀로지라는 단어가 나오기 전부터 약대는 약을 만들었다.

초기에는 유기합성 방법으로 아스피린을 만들었다면 이제는 생명공학 기술을 적극 활용한다. 세포 내부를 더 잘 알게 되고 DNA와 유전자를 더 확실하게 알게 되면서 약 범위도 훨씬 넓어졌다. 이를테면 인체 인슐린을 이제는 유전공학적인 방법으로 대장균, 효모에서 만든다. 제약 영역이 화학합성에서 바이오 제약 부분까지 확대되고 있다. 하지만 근본적인 바탕은 역시 아스피린처럼 화학합성 신약이다. 인슐린 같은 바이오제약 범위가 점점 확대되어 25%까지 증가하면서 생명공학 계열 제약회사들이 주가를 올리고 있다. 하지만 우리가 알만한 굵직굵직한 제약회사인 화이자, 노바티스 등 세계 1, 2위를 다투는 회사들은 전통적인 합성제약에 기반을 두고 바이오 부분을 새롭게 확장하고 있는 셈이다. 이 부분은 국내도 마찬가지이다. 국내 바이오 논문, 특허 숫자는 약대가 단연 1위다. 그 바탕이 화학 기반이든 생물 쪽에 치우쳐 있든 관계없이 모두 다 인체를 대상으로 하는 약이라는 측면에서 약대는 생명공학 기초를 단단히 책임지고 있는 그룹이다.

약대는 이제 6년제 전문대학으로 바뀌었다. 즉 다른 대학에서 2년을 배우고 'PEET'라는 약대 입시를 보고 합격하면 4년을 더 배운다. 대학에 따라서 과를 제약학과, 약학과로 구분하여 뽑지만 실제로 두 과의 큰 차이는 별로 없다. 약사 시험을 보고 약사 자격증을 가지고 졸업하면 제약회사에서 근무하거나 약국을 운영할 수 있다. 물론 국립 연구소, 대학 연구소 등에서 바이오, 특히 제약에 관한 연구를 할 수 있다.

③ 공대는 제품을 만든다

공대는 TV, 자동차를 만들고 집을 짓고 비행기를 날리는 곳이지 웬 바이오인가 의아해하는 사람들이 의외로 많다. 하지만 가만히 들여다보면 공대에서도 예전부터 전통적인 바이오공학을 하고 있었다. 바로 맥주를 만들던 맥주 공장, 페니실린을 만들던 제약 공장 그리고 요구르트를 만들던 식품 공장이 그 전신이다. 이 공장에서는 미생물, 즉 효모나 박테리아를 배양해서 여기에서 약품을 만들고 알코올을 만들었다. 이 미생물들이 바로 생명공학 시발점이다. 즉 전통적으로 공대는 무엇을 만들어내는, 그것도 경제적으로 만들어내는 곳이다. 좋은 연구 결과를 마지막으로 상품화하는 곳이다. 이곳에서는 산업화와 가까운 기술들을 배운다.

연구자들이 인간 성장 호르몬을 대장균에 클로닝해서 새로운 유전자 재조합 대장균을 만들었다고 하자. 이 균에서부터 실제로 주사할 수 있을 약을 만들어내는 일은 공대 출신들이 주로 한다. 왜냐하면 이들은 대장균을 가장 잘 키우는 미생물 배양기술을 알고 있기 때문이다. 또 생산된 호르몬 액 속에 불순물이 들어가지 않게 이를 가장 잘 제거하는 방법을 연구하고 있다. 무엇보다 이들은 공장을 설계할 수 있다. 예전부터 효모를 이용해서 맥주를 만드는 발효 공장을 건설해왔기 때문이다. 바이오 영역이 확대되면서 이런 배양기술, 분리기술을 전공으로 했던 화학공학 분야와 겹쳐서 발달되었다. 처음에는 생물공학 Biological Engineering이라는 이름도 쓰였다. 'Life'에 관한 것을 다룬다고 해서 '생명공학'으로 불리기도 했다. 하지만 바탕은 역시 엔지니어링, 즉 만드는 기술이다. 공대에서는 동물 세포를 10톤 배양기에서 잘 키운다. 연약한 동물 세포가 배양기 내 거친 물 흐름에 상하지 않도록 산소를 공급하는 공학적인 방법을 잘 알고 또 수학적 계산도 한다. 이곳에서는 실제로 바이오 제약 공장을 건설하고 운전할 때 필요한 공학적 기술들을 배운다. 이런 지식이 없으면 모든 생명공학 기술은 책에만 있게 된다. 돈을 벌고 싶으면 공장을 지어서 만들어내야 한다. 그것이 동물 세포를 배양해서 만들어내는 백신이든, 식물 세포를 키워서 만들어내는 천연색소이든 모두 공장이 필요하다.

기계, 전기공학과 속의 바이오

MIT는 세계 최고 공과대학이다. 이곳 기계과에서는 생물 과목을 필수로 배운 지가 이미 10년이 넘었다. 기계과에 웬 생물? 하지만 그곳 연구들을 들여다보면 고개가 끄덕여진다. 그리고 감탄하게 된다. 미국이 과학 최고 선두인 이유를 알 수 있다. 기계과에서 연구하는 것을 보면 인공심장, 인공관절, 인공피부센서 등등 마치 '600만 불의 사나이'를 모두 그곳에서 만들고 있는듯 하다. 인공심장에서는 어떤 속도로 유체가 흐르면 심장 벽이 파손될 정도인지 계산한다. 또한 인공심장이 혈액을 어떤 속도로 펌프를 돌려야만 백혈구가 상처를 받지 않는지도 인체 적용에 필수적인 정보다. 이런 방식으로 기계 전공에 바이오가 융합된 형태로 발전하고 있다. 이뿐만 아니다. 곤충 다리 근육을 닮은 헬리콥터 다리가 만들어진다. 완충 능력이 있고 훨씬 잘 비행할 수 있게도 한다. 기계 전공 교수들은 아주 작은 바늘이나 핏줄을 플라스틱 기판에 잘 만들 수 있다. 덕분에 통증 없이 피를 뽑는 나노구조 바늘을 만든다. 또 모기 눈알만큼의 혈액을 가지고 질병을 진단하는 마이크로 진단 칩을 만든다. 반도체를 만드는 기술을 사용해서 손톱만 한 DNA칩으로 한 번에 수백 개 유전자의 DNA 이상 여부를 조사할 수 있다. 모두 기계 전공의 미세구조 기술과 미세 유체역학기술이 만난 결과다.

이제 병원에서도 원격진료가 시행된다. 즉 먼 거리 병원을 직접 방문하지 않고도 혈액 속 당뇨 수치를 검사해서 스마트폰으로 의사에게 보내주면 의사는 "이런 약을 얼마만큼 드세요"라는 처방을 내린다. 약국에서 해당 약을 집으로 택배로 보내준다면 굽이굽이 먼 산길을 돌아 병원에 가서 장시간 기다릴 이유가 없다. 이런 원격진료에는 진단센서가 필수이다. 손목에 차기만 해도 혈당, 혈압이 측정되는 시계 형태의 진단 기기가 이미 시장에 나와있다. 모두 공대의 기계, 전자, 그리고 생명공학이 만나서 이룬 작품이다. 이제 서로 다른 분야의 만남은 필수이자 강점이다. IT, 즉 정보통신과 BT, 즉 바이오가 만나면 스마트폰으로 전 세계에 조류독감이 퍼지는 것을 실시간으로 볼 수도 있다. 자세히 보자. IT 기술은 세계인이 SNS에 쓰는 용어들을 모두 모을 수 있다. 즉 빅데이터를 모아서 이 중에 '조류독감'에 관련된 단어만을 검색하면 어떤 지역에 '조류독감'이라는 단어가 집중적으로 증가하는지를 실시간으로 볼 수 있다. 덕분에 더 빨리 위험에 대처할 수 있다. IT와 BT가 만나는 곳에는 또한 인공지능이 있다. 로봇을 움직이는 두뇌, 즉 인공지능이 점점 진화해가고 있다. 이미 로봇과 가벼운 대화를 나눌 수도 있다. 물론 이런 인공지능 과학의 방향은 잘 잡아야 한다. 로봇이 인간을 넘어서는 것이 아니고 인류를 위한 기계로서 어느 방향으로 발전해야 할지도 미래 공학도들이 고민해야 할 부분이다.

청정 지구를 만드는 생명공학: 바이오에너지

공대가 생명공학의 중요한 기반인 이유는 건강 장수와 함께 인류 목표의 다른 키워드인 '청정 지구'이다. 건강하게 장수하려면 깨끗한 공기, 맑은 물이 필수이다. 하지만 지구는 몸살을 앓고 있다. 그 직접적 원인은 원유 고갈과 이산화탄소 배출이다. 이를 단칼에 해결할 수 있는 방법은 자연 상태 기술, 즉 환경에 부담을 주지 않고 원유처럼 사용할 수 있는 것을 찾는 것이다. 그건 태양의 선물인 나무, 즉 식물이다. 태양만 있으면 저절로 만들어지는 나무가 바이오원료다. 나무에서 원유를, 갈대에서 플라스틱원료를 만들어내면 된다. 완전히 새로운 기술인가? 아니다. 예전부터 조상들은 식물, 즉 고구마에서 연료를 만들어냈다. 바로 에탄올, 즉 술이다. 이런 발효기술을 현대화해서 식물자원으로부터 원유와 플라스틱원료를 만들어내면 된다. 당연히 가격이 싸야 한다. 그러려면 만드는 방법이 공학적으로 계산되고 설계되어야 한다. 이제 울산 석유 공장에서 원유 대신 식물자원을 사용해서 휘발유를 만들고 플라스틱 칩을 만들 날이 머지않았다. 세계를 실제로 움직이는 것은 에너지다. 그 에너지가 바이오기술의 도움을 받아 변신하고 있다. 공대는 그 역사적인 전환의 중심에 서있다.

④ 자연대(이과대)는 기초과학을 연구한다

공대와 이과대의 차이는 무엇일까? 이 문제는 결국 'Science'와 'Technology'의 차이를 묻고 있다. 이는 생명공학 분야를 선택할 때 '어떤 대학을 가는가'와도 직결되는 중요한 결정이 된다. 다시 한 번 강조해보자. Science(과학)는 돈을 사용해서 지식을 얻는다. 반면

Technology(공학)는 지식을 사용해서 돈을 얻는다. 목적 차이가 분명히 있다. 자연대(이과대)는 기초연구를 통해서 생명 관련 지식을 만드는 학자를 만들어낸다. 공과대는 이런 지식을 바탕으로 치료제, 해결책을 구하는 엔지니어를 만들어낸다. 본인 적성에 따라 자연대와 공대를 선택해야 한다. 바이오산업에 관련된 자연대 연구는 당연히 기초연구에 집중한다. 예로서 에볼라 백신을 생각해보자. 자연대 교수는 에볼라 바이러스가 어떻게 인체 세포에 침투하는가가 관심이다. 바이러스가 세포 외곽에 달라붙는 수용체가 무엇인지 또 바이러스 DNA는 어떻게 세포 내에서 복제하는지도 연구한다. 이 복제를 방지하는 방법을 안다면 치료제를 만들 수 있다. 공과대학 교수는 기초연구 논문에서 DNA 복제를 방지하는 방법을 알고 복제 방지물질을 전통 한약에서 찾을 수 있다. 그걸 위해 손톱만 한 칩 위에서 세포를 키우는 장치를 만들고 식물 추출물을 자동으로 주입해서 바이러스에 감염된 세포 내에서 DNA가 복제되는가를 레이저로 확인할 수 있다. 만약 이런 식물을 찾았다면 그 식물 내 어떤 물질이 바이러스 DNA 복제를 막는가를 정밀하게 분리해서 골라낼 수 있다. 치료제가 만들어진 셈이다. 자연대학의 기초연구가 없었다면 당연히 에볼라 바이러스 치료제를 만들 수 없는 것이다.

그렇다고 자연대에서 하는 일이 돈이 안 된다고 하는 이야기는 아니다. 만약 에볼라 바이러스 DNA 복제 방법을 찾았다면 이것을 특허로 만들 수 있다. 그러면 누군가 그 지식을 사용해서 돈을 번다. 특허 사용료를 당연히 내야 한다. 돈을 버는 방법은 어디에나 있다. 자연대학 생명공학은 기초 지식을 찾기 때문에 기초 과목인 생화학, 미생물학, 분자생물학 등을 전공으로 공부한다. 그래서 일부 대학은 자연대학을 미생물학과, 생화학과, 생물학과 전공으로 나눈다. 하지만 모두 다 생명공학 틀 내에서 기초연구를 하고 있다고 보면 된다. 에볼라 바이러스를 모두 같이 연구하지만 미생물학과에서는 바이러스가 어떻게 다른 미생물체를 공격하는가를 볼 것이고 생화학과에서는 바이러스 DNA 구조가 궁금할 것이고 생물학과에서는 다른 생물인 식물바이러스로 에볼라 바이러스를 억제할 수 있을까를 연구할 수 있다. 보는 방향이 다를 뿐 연구 방법은 모두 에볼라 바이러스를 치료, 억제할 수 있는 '생명공학 치료제'라는 공동 목표로 가고 있다.

⑤ 농대는 동식물을 연구, 생산한다

서울대학 농과대학이 농업생명과학대학으로 명칭을 변경했다. 전통적인 농대 이미지를 벗어나서 첨단 학문인 생명과학을 적극 도입한다는 강력한 의지 표현이다. 이런 변화는 전국 농대에서 모두 마찬가지이다. 전통적으로 식물, 작물 등 생물체를 다루는 농과대학이었기 때문에 공과대학보다 오히려 적용 분야가 넓다. 즉 식물은 모두 생명체이고 이로부터 생산되는 식품은 생명공학의 중요한 축이기 때문이다.

쌀을 예로 들어보자. 오래전부터 쌀을 주식으로 하는 아시아권에서는 쌀 생산량을 늘리는 연구를 수행했다. 하지만 서로 다른 쌀 품종 사이 교배를 통해서 새로운 쌀을 만들려는 노력은 한 번에 10~15년이라는 시간이 걸린다. 무작위로 교배하고 매년 키워서 그중에서 원하는 것이 나오기를 기대하니 그럴 수밖에 없다. 하지만 이제는 달라졌다. 벼 DNA 순서인 게놈 순서가 모두 밝혀진 지 오래다. 그리고 벼 유전자의 원하는 부위를 정확히 자를 수 있는 '초정밀 유전자가위'도 개발되었다. 이제 쓱쓱 잘라서 붙이면 하룻저녁에 새로운 쌀 품종이 태어난다. 완전히 새로운 식물 생명공학 시대가 열린 것이다. 바이오산업에서 삼림과 가축은 인간에게 실제로 필요한 것들이다. 국내 산림 면적은 국토 63%로 우리나라는 세계 4위 산림 국가다. 산림을 효과적으로 운영하는 것도 농대 소속 산림공학에서 다루는 일이다. 물론 소나무를 휩쓸고 지나가는 재선충을 방지하기 위해 재선충의 천적을 찾아서 천연 농약을 만드는 일도 농대에서 가장 잘할 수 있는 일이다.

이처럼 새로운 농업 관련 품종을 만들기도 하지만 지구 온난화 해결에 직접적으로 기여할 수도 있다. 왜냐하면 공기 중 이산화탄소를 잡아서 녹말로 만드는 것이 식물이기 때문이다. 이런 광합성 효율을 높이는 연구뿐만 아니다. 식물 내 오일 성분이 많이 함유되게 만들면 이 오일을 디젤 연료로 변환시켜서 버스를 굴릴 수도 있다. 결국 지구 온난화 주범인 이산화탄소를 줄이는 데 농과대학의 역할이 부각되고 있다.

단과대학별로 서로 다른 연구방법

같은 주제를 놓고도 단과대학별로 연구 방법, 연구 결과, 이용 방법이 서로 다르다. 본인이 어떤 것이 체질에 맞는지를 살펴보고 진로를 결정해야 한다. 몇 가지 예시(노화, 암, 유전정보)를 보자.

(1) 노화, 고령화 사회

사람은 늙어 죽는다. 이것만큼은 거짓이 없다. 누구나 인정하고 싶지 않지만 인정해야 하는 '인간 숙명'이다. 그래도 사람들은 죽는 날까지 건강하게 살고 싶다. '9988234'라고 연말 술자리에서 외치는 구호는 99세까지 팔팔(88)하게 살다가 2~3일 만에 4, 즉 사망하고 싶다는 원초적 본능 표현이다. 조선 시대 평균 수명이 35세였다. 지금은 남자는 78세, 여자는 83세다. 21세기 의학 발달로 사람의 수명은 급속히 늘어났다. 이 수명을 늘리고 싶고 세상을 떠날 그날까지 건강하게 살고 싶다. 그렇게 되려면 우리는 무엇을 해야 하는가가 이 분야 주 관심사다. 왜 사람은 늙는가, 왜 세포는 죽는가 하는 생물학적 질문에서부터 노인들이 인구 반이 넘는 때가 오면 무엇이 필요할까 하는 사회학적 질문까지 아주 다양한 분야로 이루어져 있다. 이 분야는 인간이 오래 살고 싶어 하는 것, 즉 장수에 관한 분야이니 결국은 인간이 있는 한 필수적인 분야이다. 고령화에 대해 각 단과대학에서는 어떤 식의 연구를 할 수 있을까?

단과대학별 관심 연구 분야

① 의대: 의대의 모든 분야는 사람의 노화를 다룬다. 노화가 되면서 나타나는 병들, 즉 알츠하이머, 파킨슨병 등 원인을 찾고 무엇보다 이를 치료하는 의술을 연구한다. 뇌 관련 분야, 노인성 질환 분야, 재생의학 분야 등이 핵심 전공이다.

② 약대: 인간이 늙으면서 생기는 병들, 예를 들면 알츠하이머는 왜 생기는가에 대한 기초 지식부터 세포 수준에서 이를 억제하는 약을 찾는 연구가 주 관심 분야가 될 것이다. 또한 세포 자체 노화 원인을 찾고 이를 억제하는 물질을 상업화하는 분야가 활발하다.

③ 공대: 어떤 노화억제물질을 천연물에서 발견했다면 이를 대량 생산하는 방법을 연구해서 산업체가 실제 생산하도록 할 수 있다. 인체세포를 3D로 키워서 임상실험을 대체할 수 있는 키트를 플라스틱으로 만들 수도 있다. IT 계열이라면 치매 환자들이 엉뚱한 행동을 하는 것을 스마트폰으로 자동 모니터링해서 의료진에게 알려주는 앱이나 해당 기기를 만들 수도 있다. 나이가 들면서 신체 근력이 딸린다면 보조 기기로 쉽게 걸을 수 있도록 하는 기

계 연구도 중요 대상이다. 피부가 노화되면서 늘어나는 주름을 없애는 기능성 노화억제 화장품 분야도 해당 물질을 상업화하는 연구가 활발하다.

④ 자연대: 화학, 분자생물학 분야는 DNA가 나이가 들면서 어떻게 변하는가, 또는 세포가 늙으면서 어떤 변화가 있는가 등을 연구한다. 예를 들면 세포분열을 할 때마다 닳아 없어지는 텔로미어를 정상으로 유지한다면 세포가 죽지 않고 계속 자라서 장수할 수 있는가 등도 흥미 있는 기초연구 분야이다.

⑤ 농대: 농업 분야 관련 연구는 노화를 방지하는 식물, 작물, 천연물 등을 찾아서 이를 대량 생산하는 연구가 관심 분야이다. 특히 식품은 매일 우리가 섭취하는 영양원으로 식품 속 성분에 대한 관심이 많다. 기능성식품은 건강 증진 효과가 있는 식품으로 '예방' 차원 약이라 보면 된다. 이를 상품화한 기업들이 많고 시장성도 크다. 단순히 살아가기 위한 식품이 아니라 건강해지기 위한 식품이라는 면에서 앞으로도 시장 수요가 계속 있을 것으로 판단된다.

(2) 암cancer

태어나서 평생 동안 암과 만날 확률은 1/3이다. 암으로 죽을 확률도 30% 이상이다. 그만큼 암은 가까이 있다. 사실 암은 멀리서 나타난 적이 아니다. 내 몸 안에 있던 세포가 어느 날 '돌변'한 것이다. 돌변해서 죽지 않고 계속 성장해서, 덩어리가 되어 다른 장기를 막아버리고 활동을 못 하게 해서 사람을 죽게 하는 것이 암이다. 이렇게 나에게서 등을 돌린 암세포는 인간이 지구에 태어나서부터 같이 있었다. 개에게도, 길거리 나무에게도 있는 것을 보면 하루아침에 사라질 놈은 아니다. 따라서 인간 수명을 줄이는 첫 번째 요인인 암에 대한 학문적 관심과 치료를 위한 시장성은 무한하게 크다. 인간이 조만간에 암을 정복하기는 쉽지 않다. 따라서 암이 생기지 않도록 예방하는 분야도 암을 치료하는 분야만큼 중요하다. 각 대학에서 암에 접근하는 연구 방법은 서로 다르다.

단과대학별 관심 연구 분야

① 의대: 의학에서 암 연구는 제일 중요하다. 그만큼 생명과 직결되기 때문이다. 직접 암 환자를 다루는 외과, 내과 그리고 방사선과 이외에도 거의 모든 과들이 암과 연결되어있다. 물론 암 환자를 치료하면서 새로운 항암제 효과를 검증하는 연구도 동시에 한다. 물론 대학병원 중심이다. 따라서 이들 연구는 임상, 즉 환자와 직

결된 연구가 많다. 기초적인 연구는 병원 '기초의학' 파트에서 한다. 기초의학부에서는 임상의사가 아닌 연구의사, 그리고 생명공학 계열 박사급 교수들이 연구한다. 암 샘플을 구할 수 있고 암 환자를 대상으로 신약이나 신규 치료 방법을 시도할 수 있다는 장점이 있다.

② 약대: 항암제를 만드는 연구 분야가 암 연구의 대표적인 분야이다. 물론 항암제를 개발하기 위해서는 암이 왜 생기는가에 대한 세포 수준 연구가 먼저 되어야 한다. 이후 이 세포를 죽이는 방식을 찾는다. 화학합성을 통해서 항암제를 만들기도 하고 천연물에서 생산하기도 한다. 제약회사들도 항암제 개발에 많은 노력을 기울이고 있다. 항암제는 한번 사용하면 장기간 사용한다는 특성이 있다. 또한 암과의 전쟁은 쉽게 끝나지 않을 장기전이다. 이 분야는 그만큼 중요하고 투자할 가치가 있는 '상업성'이 있다.

③ 공대: 항암제를 만드는 데 공대가 무엇을 할 수 있을까? 한 예를 들어보자. 천 년을 산다는 주목 나무껍질에서 항암제 성분인 '택솔Taxol'이 발견되었다. 하지만 한 사람을 치료하려면 수백 년을 자란 주목 수백 그루가 있어야 한다. 공대 연구팀들은 주목 세포를 키우기로 한다. '식물 세포 배양기술'로 물탱크 같은 배양기에서

식물 세포들이 깨지지 않도록 정교하게 교반하면서 세포를 키웠다. 덕분에 수백 년 된 주목을 자를 필요가 없다. 주목 항암제인 '택솔' 항암제를 막걸리 만들듯이 세포를 키워서 만든 것이다. 택솔을 배양액에서 분리해내는 방법을 연구하고, 기계를 만드는 일도 공대에서 하는 일이다. 한편 같은 항암제라도 가격이 엄청나게 비싸다면 사용하지 못한다. 공대에서는 이런 가격을 계산해서 싸게 만들 수 있는 방법도 고안한다.

④ 자연대: 암이 왜 생기는가를 찾는 것은 암을 치료하기 위한 첫 단계이다. 화학과에서는 예를 들어 어떤 화학물질이 어떻게 DNA에 손상을 가해서 돌연변이 DNA가 생기게 하는지를 연구한다. 생명과학과에서는 암이 왜 성장을 계속하는가를 연구한다. 보통 세포는 일정 기간 성장 후에 멈추는데 왜 암세포는 이런 '스톱' 기능이 고장 난 것일까? 어떤 물질을 사용하면 이 고장을 고칠까를 연구한다.

⑤ 농대: 식물에서는 암이 어떤 식으로 생기는가? 식물 세포를 침투하는 미생물은 어떻게 식물 방어벽인 세포벽을 넘어설까? 또 이렇게 생긴 나무 암인 '옹이'는 왜 계속 자라는가? 이런 성질을 이용하면 바나나에 인슐린 호르몬을 만드는 방법을 연구할 수 있

다. 가축 암을 연구하는 농대 동물생명공학과에서는 동물 바이러스 연구를 통해 백신을 만들 수 있다. 이를 인간 암 예방에 같은 방식으로 적용할 수 있는가를 제약회사와 같이 연구할 수도 있다. 약 개발에 동물이 먼저 실험 도구로 쓰이듯 동물 연구는 암 연구 전 단계이다.

(3) 게놈(생물정보학)

영화배우 안젤리나 졸리가 미리 가슴 절제 수술을 한 이유는 유전자에서 암 유전자를 발견했기 때문이다. 즉 유방암 발생 유전자BRCA1가 있음을 확인했다. 이 유전자를 가지고 있으면 안 가진 사람에 비해 7배 높은 77% 확률로 유방암에 걸린다. 앞으로 이런 형태로 의학은 발달할 것이다. 즉, 개인 유전자 검사를 통해서 건강을 미리 예측하고 예방하는 예측의학이 된다. 개인 유전자를 검사하면 몇 살에 암이 생기고 언제 당뇨에 걸리는지 예측할 수 있다. 술은 몇 병을 마시고 달리기는 몇 초에 할 수 있을지도 아는 것이 게놈의학이다. 수명과 질병 이외에도 개인 특성을 예측할 수 있다는 의미다. DNA 순서를 기반으로 하는 것이 게놈이라면 DNA에 꼬리표가 붙는 것을 아는 후성유전학은 차세대 게놈 분야다. 즉 개인 생활 특성에 따라 DNA에 꼬리표가 붙고 이것이 유전자를 작동시키고 암을 유발하는 원인이 된다. 게놈이나 꼬리표 게놈 연구가 미래 바이오 연구의 중요한 축이 된다. 정보를 다루는 분야이지만 대학별로 연구 방법은 서로 다르다.

단과대학별 관심 연구 분야

① 의대: 게놈, 즉 유전자 정보는 의료 행위와 직결된다. 예를 들면 어떤 종류 암이 어떤 유전자에 영향을 받는지를 알면 바로 그 암 발생을 유전자 검사로 알 수 있다. 인공지능 발달, 빅데이터 축적으로 게놈 정보는 좀 더 직접적으로 인체 건강을 예측할 수 있다. 병원에서는 환자들 유전자 정보를 분석해서 얼마 후에 위암이 발생할 수 있는가를 이미 예측할 수 있는 단계까지 와있다. 의료진은 이 데이터를 기반으로 환자 치료 방향을 결정할 수 있다.

② 약대: 게놈 정보는 약을 만드는 가장 기본적이고 강력한 'Tool'이다. 게놈에 이상한 변종이 생기면 그로 인해 발생되는 변종 단백질이 병을 일으키기 때문이다. 게놈은 질병이 언제 생길지를, 어떤 질병이 생길지를 예측하게 한다. DNA로 발병 여부를 예측할 수도 있지만 더 흥미로운 게 있다. 바로 개인맞춤형 약이다. 많은 사람 DNA를 분석하면 어떤 유전자가 어떤 병에 관련되는지를 알 수 있다. 문제는 사람마다 그 유전자가 조금씩 다른 경우가 많다는 거다. 즉 염기 하나가 다른 경우 그 사람은 특정 약에 반응하는 정도가 다르다. 따라서 개인 DNA 타입을 분석해 거기에 맞는

약을 공급해주면 된다. 이게 개인맞춤형 약이다. 예를 보자. 아스피린을 먹어도 그 약이 작용하는 부위 DNA가 조금씩 다르다면 효과는 당연히 개인별로 차이가 날 것이다. 실제로 우리가 먹는 약이 모든 사람에게 100% 듣는 것은 아니다. 통계에 의하면 60% 정도는 효과가 있고 일부는 효과가 없는 경우도 있다. 적지만 거꾸로 역효과가 나타나는 경우도 있다. 개인별 정보, 즉 게놈 정보학이 필요한 이유다. 생물정보학에는 게놈DNA 정보만 포함된 것은 아니다. RNA, 단백질, 대사물 등이 모두 생물정보다. 이렇듯 꼭 무엇을 만들어야만 연구를 하는 것은 아니다. 정보, 즉 빅데이터가 세상을 움직인다. 연구도 예외는 아니다.

③ 공대: DNA 분석은 단지 DNA 순서만을 아는 것이 아니다. 게놈 연구 중요 분야는 생명정보학Bioinformatics이다. 컴퓨터를 사용하여 게놈 정보를 해석하고 필요한 정보를 추출해내는 일을 생명정보학에서 한다. 30억 개 염기서열을 분석해서 필요한 정보를 얻는 일은 공대 혹은 자연대에서 주로 한다. A라는 동물에 있는 유전자 C와 유사한 유전자가 어느 미생물에 있는지를 알 수 있으면 그 동물 대신 미생물을 이용하여 필요한 것을 생산할 수도 있다. 또 C 유전자 순서로부터 생산되는 단백질 구조를 예측할 수 있고 이에 맞는 약을 컴퓨터로도 찾을 수 있다. 공과대학에서 할 수 있

는 또 다른 연구는 게놈 속에 있는 특정 유전자 부위를 찾아내는 바이오센서를 만드는 일이다. 즉 유방암 발생 유전자BRCA가 있는지를 아는 방식은 인간 게놈을 다 읽어도 되지만, BRCA 유전자가 있는지만을 바이오칩으로 확인하는 것이 더 간단하다.

④ 농대: 생물정보학을 알면 농학 분야에서 무슨 일을 할 수 있을까? 우선 쌀을 보자. 쌀은 작물 중에서 가장 중요하다. 쌀 염기 서열(DNA 순서)은 이미 밝혀졌다. 한국 품종, 베트남 품종 등 대부분 쌀 DNA 정보는 컴퓨터 클릭 한 번이면 알 수 있다. 예를 들어보자. 베트남 쌀이 메뚜기에 잘 견딘다고 하자. 한국 품종을 메뚜기에 잘 견디게 만들 수 있다. 쌀 DNA 정보 중에서 외부 해충에 저항하는 유전자 순서를 찾는다. 이후 이 유전자 순서를 한국 품종에 적용해볼 수 있다. 하지만 GMO 쌀이라 하면 거부감이 있다. 즉 원래 쌀에는 없던 해충 저항성 유전자를 다른 세균에서 도입하니까 건강상에 문제가 생기는 건 아닌지, 혹은 그것이 다른 작물로 퍼져나가는 건 아닌지 불안하다. 만약 한국 품종에도 그런 기능을 하는 유전자가 있다면 이를 작동시키는 것이 훨씬 안전하고 효율적일 것이다.

게놈 정보는 이것을 알려준다. 한국 쌀에 있는 해당 유전자를 베트남 품종처럼 바꾸면 된다. 게놈 정보에 의거해서 어떤 DNA를 어떻게 변형시키면 농약을 치지 않아도 해충이 달라붙지 않게 할 수 있는지 알 수 있다. 이 정보를 알고 나서는 실제 행동이다. 가능한 방법으로는 초정밀 유전자가위를 사용한다. 즉 한국 쌀의 어떤 DNA를 원하는 대로 바꿀 수 있게 된다. 물론 이 방법이 완벽하게 안전하다는 이야기는 아니다. 인위적으로 DNA를 바꿀 경우 자연적으로 바뀌는 경우보다 속도가 비교할 수 없을 정도로 빠르다. 다시 말해, 자연발생적인 돌연변이는 환경에 적응해서 살아남을 수 있으면 살아남는다. 돌연변이-환경이 같은 속도로 간다는 말이다. 하지만 인위적 DNA 변이는 환경에 미처 적응하기도 전에 이미 변화가 생긴 셈이다. 환경에서 적응 기간이 없다. 결론은 환경에 어떤 영향을 줄지 아직 모른다. 그동안 유전자변형식물(GM 식물)이 수십 년간 큰 문제가 없었다고 하지만 그건 환경생태에서는 아주 짧은 기간이다. 그동안 건강상 큰 문제가 없었다고 하는 것도 아직은 잘 모르는 상황이다. 금방 토하고 죽는 문제가 안 생겼다 뿐이지 이것이 궁극적으로 어떤 영향을 줄지는 모른다는 의미다. 생물정보학은 이런 문제에도 접근이 가능하다. 각 지역 GM 작물을 시간별로 추적해서 변화가 있는지를 알 수 있다면 어떤 결과가 눈으로 보이기 전에 이미 예측할 수 있다.

단과대학, 학과별로 배우는 과목 차이

배우는 과목을 알면 학과 특성을 안다

자연대, 공대, 농대, 약대 등 바이오 관련 학과에서 학년별로 배우는 과정은 유사하다. 전공에 따라 구체적인 과목이 조금씩 다를 뿐이다.

- **1학년**(전공이 아닌 기초, 교양 과목): 화학, 생물학, (물리: 일부 대학에서만), 화학 실험, 생물학 실험, 컴퓨터 등
- **2학년**(전공 기초 과목들): 전공 기본 과목(미생물, 분자생명학, 유기화학 등)
- **3학년**(본격적인 전공 과목): 생화학, 미생물공학, 진화생물학 등
- **4학년**(다양한 전공 과목): 학과 교수 전공에 따라 다양한 분야가 개설된다. 선택하여 들을 수 있고 대학원 진학 시 어떤 교수가 어떤 전공을 하는지 알 수 있다.

① 한양대 자연과학대학 생명과학과

- **1학년**: 일반화학 및 실험 1, 창의적 컴퓨팅, 일반생물학 및 실험, 커리어 개발, 사랑의 실천, 일반화학 및 실험, 말과 글, 과학기술의 철학적 이해
- **2학년**: 세포생물학 1, 미생물학 1, 생물유기화학, 생태학, 생명과학 야외실습 1, 분자생명과학 실험, 동물의 다양성 및 실험, 생명과학 연구 개론, 기초분자생물학, 세포생물학 2, 세포생물학 실험, 미생물학 2, 신경생물학, 동물생리학 1, 분자생물학, 전문학술영어, 미생물학 실험, 생태환경과학 실험, 식물학, 글로벌 리더십

- **3학년**: 유전학 및 실험, 동물생리학 2, 발생학 1, 진화생물학, 생화학 1, 생명과학 야외실습 2, 면역학 1, 생리 및 발생학 실험, 생명과학 연구실험 1, 과학교과 교육론, 수서생태학, 분자유전학, 발생학 2, 식물생리학, 생화학 2, 생물정보학, 커리어 개발 II, 면역학 2 및 실험, 기업가정신과 비즈니스
- **4학년**: 나노생명과학, 생명과학 야외실습 3, 생명과학 세미나 1, 식물기능 유전체학, 시스템생물정보학, 조류생물학, 생명과학 연구실험 2, 셀프리더십, 과학교과 교재연구 및 지도, 해양생물학, 발생유전학, 생명과학 심화연구 캡스톤 디자인 1, 바이오기술, 생명과학 세미나 2

② 인하대 공과대학 생명공학과

- **1학년 교양전공**: 인간의 탐색, 사회의 탐색, 가치형성과 진로탐색, 이공계열 글쓰기와 토론, 생활한문, 실용영어, 고급대학영어, 의사소통 영어, 정보사회와 컴퓨터, 공업수학 1, 생명공학도를 위한 일반생물학, 생명공학도를 위한 인체생리학, 화학 1, 화학 2, 화학 실험 1, 화학 실험 2, 일반수학 1, 일반수학 2, 물리학 1, 물리학 실험 1, 핵심교양-1. 인간과 문화, 핵심교양-2. 사회와 가치, 핵심교양-4. 미적체험과 표현, 창의적 생명공학 설계
- **2학년 전공**: 유기화학 1, 물리화학, 기초미생물학, 생공이동현상, 생화학 1, 생물화학공학, 생물공학 실험 1, 분자생물학, 생물공학 실험 2, 생명공학 종합설계, 생명공학, 생물공학 기초계산, 응용미생물학, 생공기기분석, 유기화학 2
- **3학년 전공**: 생화학 2, 열역학, 나노바이오공학 개론, 바이오에너지, 세포배양공학, 미생물공학, 생물화학공학 응용, 생의학공학, 유전공학, 효소공학, 생물통계학, 생명공학 커뮤니케이션 및 윤리, 바이오기계융합 개론, 기능성 나노소재 설계 및 바이오이미징

- **4학년 전공**: 생물정보학 및 실습, 피부과학, 세포생물학, 분자유전학, 산업미생물공학, 생물공정공학, 공정설계 실험, 광합성미생물배양공학, 생물분리공학, 식품생물공학, 생체재료공학, 바이오산업현장 개론, 바이오산업현장 실무

③ 서울대 공대 화학생물공학부

- **1학년**: 공학생물, 서울대 공통 교양 과목
- **2학년**: 물리화학 1, 유기화학 1, 공정전산 기초, 응용생화학 1, 분석화학, 공과대학 공통 교과목
- **3학년**: 반응공학 1, 공정유체역학, 화학생물합성 실험, 화학생물공정 실험, 화공열역학, 고분자화학
- **4학년**: 양자역학의 기초, 공정 및 제품설계, 촉매 개론, 환경공학 개론, 고분자물성, 생물화학공학, 기기분석, 화학생물공학 세미나, 창의연구

④ 성균관대 생명공학대학 융합생명공학과

- **1학년**: 생명공학 입문, 바이오의약 개론, 교양 및 기초
- **2학년**: 생화학, 미생물학, 유전학, 분자생물학, 세포공학, 생명유기화학, 분석화학, 생물물리화학
- **3, 4학년**: 재조합유전자, 피부생명공학, 생물의약공학, 면역세포치료학, 줄기세포공학, 종양생물학, 생물소재공학, 단백질공학, 효소공학, 단위조작, 항체공학, 배양공학, 분리정제공학, 바이오시밀러공학

⑤ 부산대 생명자원과학대학 동물생명자원과학과

- **1학년 교양전공**: 사상과 역사, 사회와 문화, 문학과 예술, 과학과 기술, 건강과 레포츠, 외국어 융복합, 고전 읽기와 토론, 열린 사고와 표현, 대학실용영어(I), 대학실용영어(II), 대학실용영어, 유기화학, 동물자원과학 개론, 컴퓨팅사고, 생물통계학, 기초실험분석, 기초생화학, 기초컴퓨터프로그래밍
- **2학년 전공**: 분자생물학, 영양생화학, 동물식품학 개론, 동물단백체학, 동물해부생리학, 동물행동심리학, 실험동물학, 경주마생산정보학, 동물내분비학, 현장기본실습, 동물번식생리학, 식육과학, 동물유전체학
- **3학년 전공**: 동물영양학, 동물육종학, 동물세포공학, 응용동물번식학, 동물위생질병학, 육가공학, 동물생명자원 및 실습(I), 동물자원교육론, 연구설계와 분석, 동물식품위생학, 승마 실습, 동물자원 논술, 동물생명자원 및 실험(II), 응용동물육종학, 동물사료 및 사양학
- **4학년 전공**: 축산정책 및 법규, 유가공학, 동물환경관리학, 동물소재 종합설계, 동물유전공학, 동물자원연구 및 지도법, 종축선발론, 약용동물학, 동물발생공학, 축산경영유통학, 동물복지학, 조류자원학, 반추동물영양학, 양돈과학

⑥ 서울대 식품영양학과

- **1학년 교양**: 생활과학의 이해, 식품영양학의 이해, 유기화학, 식생활문화 및 실습
- **2학년 전공**: 생화학, 인체생리학, 식품영양 커뮤니케이션
- **3학년 전공**: 고급영양학, 조리과학 및 실험, 조리원리 및 실습, 식품화학, 기초영양학, 임상영양학 및 실험, 식품분석 실험, 단체급식관리 및 실습,

식품재료학, 식이요법 및 실험, 생애주기영양학, 식품미생물학 및 실험, 영양평가 및 실습, 영양기능식품학, 실험조리 및 관능검사 실습

- **4학년 전공**: 식품가공 및 저장학, 식품위생학, 분자영양학, 영양사 현장실습, 식생활관리학 및 실험, 식품영양 산업 및 연구 인턴십, 급식경영학, 지역사회영양학, 영양교육 및 상담, HACCP의 이해, 식품영양정책, 식품영양 산업 및 연구 인턴십 2

⑦ 중앙대 약대 약학전공

- **1년차**: 약품분석학, 약품미생물학, 식물의약품자원학, 약품기기분석학, 물리약학, 생약학, 약품생화학, 응용물리약학, 해부생리학, 의약생화학, 약무경영학, 면역학, 의약품합성학, 약품분석학 실습, 약품생화학 실습, 생약학 실습, 무기제약, 물리약학 실습
- **2년차**: 의약분자생물학, 세포유전약학, 임상생체면역학, 약무행정학, 천연물약품생명공학, 임상병태생리학, 임상의약화학, 약전학, 임상미생물학, 임상약리학, 약물학, 위생약학, 일반병태생리학, 생물약제학, 약품미생물학 실습, 의약화학 실습, 면역학 실습, 약물학
- **3년차**: 실습임상독성학, 임상약동학, 약학연구 세미나 1, 약학연구 세미나 2, 임상약학 1(순환호흡기계), 의약품산업학, 임상약학 2(신장소화기계), 임상약학 3(감염항암), 건강관리약학, 임상약학 4(신경정신근골격계), 약제제조학, 약사 관련 법규, 예방약학 실습, 병태생리학 실습, 약제학 실습, 기초약무실습
- **4년차**: 의료기관 약국 실습 1, 연구심화 실습 1, 의료기관 약국 실습 2, 연구심화 실습 2, 지역약국 실습, 연구심화 실습 3, 제약산업 실습, 약무행정 실습

대학별 바이오 전공 학과 현황

(1) 어느 학과가 우수할까

바이오 분야에서 어느 대학, 어떤 학과가 우수한가를 판단하기는 지극히 어렵다. 그 이유는 다음과 같다. 첫째, 바이오 분야는 넓다. 앞에서 바이오 분야를 3색(의료건강, 농업환경, 공정에너지)으로 간단히 분류했다. 하지만 실제로는 굉장히 다양한 분야다. 의대, 약대, 수의대, 농대, 이과대, 공대, 생명과학대 등 대학 내에 다양한 단과대학, 학부, 학과가 존재한다. 같은 분야라고 해도 순수과학, 응용공학 등 전공 자체가 다르다. 이들을 같이 놓고 비교, 평가하기는 거의 불가능하다. 둘째, 평가 기준이 다양하다. 바이오 분야 연구 교수 수, 발표 논문 수, 발표 논문 중요도를 통상 연구 능력으로 평가한다. 하지만 논문만 잘 쓰고 연구만 잘하면 우수 대학인가도 모호하다. 어느 대학 출신은 랭킹과는 상관없이 바이오 분야 회사에서 평판이 좋다. 학생들이 기초 지식도 제대로 배우고 현장 경험도 풍부해서 산업체에서 필요한 인재를 잘 키운다. 이런 점이 모두 고려돼야 한다.

대학의 모든 수준을 종합적으로 평가하는 국내 평가 중에는 중앙일보 대학평가가 그중 원하는 답에 가깝다. 평가 방법은 30개 지표, 즉 교수 연구(33.3%: 논문, 연구비, 지적재산권), 교육 여건(33.3%: 교수 확보율, 장학금, 강의 규모 등), 학생 교육 성과(23.3%: 취업률, 창업 활동 등),

평판도(16.7%: 산업체 평판, 발전 가능성 등)를 기준으로 한다. 이 전체 대학 평가가 바이오 부문 평가와는 완벽하게 일치하지 않을 수 있다. 어떤 대학은 다른 분야보다 바이오 분야가 강할 수도, 약할 수도 있다. 그러나 상식선에서 바이오 분야 학과 순위가 대학 전체 평가 순위와 크게 다르지 않다고 가정했다. 중앙일보 평가는 종합대학만을 전 분야에 걸쳐 평가한다. 여기에는 포항대, 카이스트 등 이공계 중심 대학이 빠져있다. 또한 중앙일보 평가에서는 순위가 낮았지만 바이오 분야가 다른 분야보다 특히 강한 대학이 있다. 이 대학까지 포함시켜야 했다.

리스트 작성에 두 개 자료를 참고했다. 첫째 자료는 전체 대학 평가에 해당되는 중앙일보 대학평가(2015~2017) 평균 상위 33개 대학을 우선했다. 둘째 자료는 라이덴 평가Leiden Ranking다. 이 평가는 매년 대학별로 발행되는 연구논문 중요도Impact Factor를 기반으로 한다. 바이오의료건강 분야(2013~2016) 상위 30개 대학을 선정했다. 중앙일보 평가와 라이덴 평가 결과는 국내 대학 순위가 대부분 일치한다. 하지만 포항공대 같은 경우는 종합대학이 아니어서 중앙일보 평가 대상이 아니었다. 또한 중앙일보 평가에서는 33위권 아래지만 바이오 연구 분야가 상대적으로 우수한 대학도 리스트에 추가했다. 두 개 평가가 서로 기준이 다르기 때문에 합쳐서 순위를 내지는 않았다. 대학 순위는 매년 오르내린다. 하지만 상중하 정도는 크게 변하지 않는다.

(2) 다른 학과에도 바이오 전공 교수가 있을 수 있다

이 대학 리스트는 대학 순위보다는 어떤 학과들이 있는가를 알리는 것이 주목적이다. 즉 진로에 가장 중요한 것은 본인이 원하는 바이오 분야를 찾아가는 일이다. 따라서 바이오 관련 학과 특성, 교수진, 연구 분야를 잘 살펴보자. 바이오 분야만을 전문으로 강의하는 학과도 있지만 다른 전공 속에서 바이오를 연구하는 교수들도 있다. 예를 들면 화학과의 경우 대부분 유기합성, 물리화학 등 화학과 전통 분야가 있지만 생화학, 나노바이오 등 바이오와 연관된 연구 분야가 있는 경우가 많다. 화공과, 환경공학과, 해양학과, 식품영양학과 등에도 바이오 전공 교수들이 종종 있다. 학과에 몇 명의 교수진이 있는가도 중요하다. 5~6명 단위 소규모 교수진이 있는 학과도 있지만 포항공대 생명과학과에는 29명의 교수가 있다. 당연히 많은 바이오 관련 분야를 배울 수 있다. 또한 어떤 대학에서는 학과 단위로 모집하지만 어떤 곳에서는 좀 더 큰 학부 단위로 모집하기도 한다. 학부 단위일 경우 교수 수는 수십 명을 넘어선다. 어떤 곳이 좋을까? 판단 기준은 결국 교수/학생 비율이다. 적은 학생을 놓고 많은 다양한 전공 교수들이 강의한다면 그게 최고다.

그럼 같은 비율이라면 대규모 학과가 좋을까, 소규모 학과가 좋을까? 대규모를 추천한다. 왜냐하면 교수 수가 많으면 그만큼 다양한 전공 과목을 골라 들을 수 있기 때문이다. 또한 대학원 진학 시 원하는 전공을 찾아가기 좋다. 학과 또는 학부에 몇 명 교수가 있는지, 그중에 바이오와 관련된 전공 교수는 몇 명인지 리스트에 포함했다.

(3) 다양한 이름의 바이오 학과

자연대학은 바이오 기초 분야를 연구한다. 학과 명칭은 다양하다. 생명과학과, 생물학과가 대부분이고 일부 미생물학과가 따로 있는 경우가 있다. 생명과학부는 규모가 좀 더 크다. 화학과에서도 나노바이오, 생화학 등 전공 분야가 있다. 공과대학은 생명공학, 생명나노공학, 화공생명공학 등의 학부, 학과가 있다. 화공 명칭이 붙은 경우는 화학공학과 전공이 겹쳐 있는 경우가 많다. 공대인 만큼 응용 분야, 즉 생산, 분리, 배양 등을 배우게 된다. 농대는 동물, 식물을 주로 다룬다. 작물, 채소, 산림, 축산, 식품 관련 학과가 있다. 대학별로 바이오 관련 학과를 통합해서 바이오 통합대학을 만든 경우도 있다. 학과 틀을 유지하는 경우도 있지만 완전히 융합된 경우도 있다. 이 경우 학부 규모가 되어 전체 교수 수가 많다. 또한 융합 형태 학과도 있다. 헬스케어학과의 경우는 IT와 BT가 합쳐진 경우다. 의용공학의 경우도 공대 IT와 BT가 합쳐져서 주로 의료용 기기를 다룬다.

이 리스트에서 의대, 약대, 수의대는 각 대학 교수진의 구체적인 전공 분야를 명시하지 않았다. 그 이유는 첫째, 각 대학별로 유사한 교육과정, 전공 분야이기 때문이다. 또한 그 분야는 모두 바이오 분야 최전

선이기 때문에 일단 의대, 약대, 수의대에 입학하면 생명공학 분야는 기본으로 배운다. 의대, 약대, 수의대 내 어떤 학과가 바이오 전공인가를 확인할 이유가 없다는 의미다. 의대에는 기초의학 부분에서 환자 진료 대신 연구만에 집중하는 연구진들이 있다. 약대는 모든 교수진 연구 내용이 약 개발에 관여되어있다. 굳이 분야를 따로 적지 않아도 생명공학 핵심인 제약 부분이다. 수의대학은 동물을 대상으로 바이오 분야 연구를 한다. 동물 복제, 동물 장기 등 분야를 예로 들 수 있다. 치과대학, 간호대학, 한의과대학은 바이오와 관련된 부분이 많다. 하지만 이들 대학은 교육, 연구, 취업 분야가 특수 분야인지라 포함시키지 않았다. 자연대학, 공과대학, 농과대학 등은 학과마다 조금씩 특성이 달라서 교수진 전공을 홈페이지 내용 중심으로 요약했다. 물론 각 대학 학과 홈페이지에서 더 정확한 연구 분야 및 진로를 확인할 수 있다.

표 3-1 **대학별 바이오 학과 특성**

순위: 중앙일보 대학평가 3년(2015~2017) 평균 상위 33개 대학 + 라이덴 바이오헬스 분야 상위 30개 대학

지방캠퍼스: 편의상 중앙캠퍼스에 같이 표시

모집 정원: 2019 기준

학과 전공 분야: S(기초), T(응용), R(보건의료), G(농림식품), W(공정에너지)

바이오 전공 교수: 홈페이지상 전공 기준

의대, 약대: 교수 전공이 유사해서 따로 분류하지 않음

순위	대학	단과대학	학부	과	모집정원	전체 교수 수	학과 전공분야 S: 기초, T: 응용, R: 보건, G: 농림, W: 공정	바이오 관련 교수 전공
1	서울대	자연과학대학	생명과학부		58	49	S/RW	공정 제외 모든 분야, 기초과학, 분자유전, 신경전달, 단백질구조, 암세포, 신호전달, 세포발생, 분자생물, 면역
			화학부		43	38	S/R	효소, 기초생화학
		공과대학	화학생물공학부		88	33	T/W	세포 및 미생물공학, 효소 및 환경생물공학, 분자생물학, 생화학
		농업생명과학대학	식물생산과학부		58	23	ST/G	작물생명, 원예생명공학, 식물생산, 식물유전, 환경, 식물 자원
			산림과학부		44	10	T/G	산림환경, 환경재료, 바이오매스 제지
			응용생물화학부		39	22	ST/G	응용생명화학전공: 식물영양, 농약화학, 미생물공학, 분자생물학, 생화학, BT, ET, 농화학 응용생물학전공: 곤충, 식물미생물학, 식물세균, 곤충분자, 식물바이러스
			식품동물생명공학부		41	19	ST/G	식품미생물, 식품단백질, 효소공학, 생물분자공학, 동물영양, 생물정보, 동물면역학, 동물세포, 유전

1	서울대		바이오 시스템 소재학부		36	13	T/G	바이오시스템전공: 생물공정, 생체역학, 바이오센서, 생물환경, 농업환경 바이오소재공학전공: 소재, 생체고분자, 의용생체
		생활과학 대학		식품영양학과	30	9	ST/G	식품미생물, 식품독성, 식품영양, 식품소재
		수의과 대학			40	43	ST/R	산업동물, 반려동물, 야생동물 건강, 공중보건
		약학대학			63	50	ST/R	제약 전반, 생화학, 미생물, 면역학, 약물학, 병태생리학, 예방약학, 약품화학, 약품분석, 생약, 천연물과학
		의과대학		의예과	135		ST/R	인체 생리 건강 모든 분야
2	성균관대	자연대학		생명과학과	계열별 모집	16	S/RG	동식물학, 미생물학, 면역학, 기초과학, 신경전달, 단백질구조학, 암세포, 세포발생, 분자생물
				화학과	계열별 모집	24	T/R	나노바이오, 합성생물학, 제약
		공과대학		화공고분자 학과	계열별 모집	42	T/WR	환경, 나노의약품
		생명공학 대학		식품생명공 학과	계열별 모집	5	T/G	식품바이오, 식품화학, 식품미생물, 식품분자생명
				바이오 메카트로닉 학과	계열별 모집	9	T/R	바이오기계, 로봇, 의공학
				융합생명공 학과	계열별 모집	10	S/R	유전공학, 분자면역학, 신경발생학, 줄기세포
				글로벌바이오 메디컬융합과	60	12	T/R	컴퓨터, 이미징, 뇌공학, 의료영상
		의대, 약대						(*의대 약대는 따로 정원, 전공 표시하지 않음)
3	한양대	공과대학	화공생명 공학부	생명공학과	24	9	T/WR	나노바이오, 인공장기, 뇌, 응용
		자연대		생명과학과	49	18	S/RG	기초, 응용, 동식물, 분자생물학, 분자유전학, 바이러스, 미생물, 유전체, 유전학
				화학과	52	23	S/R	생화학
		에리카 공과		생명나노 공학과	30	7	T/WR	나노바이오, 생물공정

3	한양대			재료화학 공학과	94	20	T/W	바이오폴리머, 나노바이오
		과학기술 융합대학		분자생명 과학과	38	8	S/R	분자유전, 분자면역, 통합 유전체, 줄기세포, 감염생물학
		의대, 약대			110			
4	연세대	이과대학		화학과	45	23	S/R	합성생물학, 유기생화학
		공과대학		화공생명 공학부	87	23	T/W	생물공정, 환경
		생명 시스템 대학		시스템 생물학과	29	17	S/RG	기초생물학, 동식물, 미생물, 분자유전, 분자면역학, 생화학, 세포생물학, 신호전달
				생화학과	29	15	S/R	생화학, 분자유전, 분자면역, 장수과학, 세포발생, 노화
				생명공학과	54	17	ST/W	공정응용, 생물소재, 면역세포, 응용생화학, 분자바이러스, 세포분자, 분자의약화학, 분자설계
		생활과학 대학		식품영양학과	26	7	ST/G	식품, 응용, 식품안전, 식품유전, 식품미생물
		원주 캠퍼스	생명과학 기술학부		74	17	S/RG	동식물 생리, 유전, 분자면역, 세포종양, 생물공학, 식품미생물, 곤충학, 분자구조
			화학 및 의화학과		152	9	S/R	나노바이오
			보건과학 대학	의공학부	75	17	T/R	생체역학, 신경시스템, 생체공학, 바이오칩
				임상병리학과	47	7	T/R	생화학, 진단미생물, 세포생물학, 혈액학, 감염병
		의대, 약대			145			
5	고려대	생명과학 대학	생명과학부		95	35	S/RG	동식물분류, 분자유전학, 세포생물학, 바이오센서, 식물분자생물, 신호전달, 생물공정, 염증신호, 종양면역, 식물병리
			생명공학부		105	27	ST/ RGW	동식물(농학), 생화학, 유전체학, 식물분자, 환경생화학, 줄기세포, 분자생물학, 식물약학, 면역학, 분자진단
				식품공학과	44	9	T/G	식품미생물, 식품가공학, 생물고분자, 식품소재, 식품가공

5	고려대	생명과학대학	환경생태공학부		67	18	ST/G	환경, 식물, 목재, 분자미생물, 토양오염, 바이오매스, 생태
		이과대학		화학과	44	19	S/R	바이오나노, 생화학, 천연물화학
		공과대학		화공생명공학과	79	25	T/W	바이오에너지, 나노바이오, 생물공정
		과학기술대 세종캠퍼스		생명정보공학과	72	10	ST/RGW	생명공학 전반, 기초, 응용, 미생물공학, 세포공학, 생물반응, 공정공학, 효소
				식품생명공학과	82	7	T/G	식품공학, 미생물, 식품가공, 식품소재, 기능성식품, 식품생화학
		의대, 약대			131			
6	중앙대	자연과학대학		화학과	35	14	S/R	생화학, 나노바이오
				생명과학과	43	17	S/RG	기초과학, 분자생물학, 세포생물학, 식물분자생물, 신호전달, 생물공정, 종양면역, 식물병리
		생명공학대학	생명자원공학부		109	19	S/G	동물생리, 병원성미생물, 유가공, 내분비, 식물자원, 식물생화학, 식물분자육종, 식물병리
			식품공학부		122	11	T/G	식품공학, 식품영양학, 식품가공, 식품미생물
				시스템생명공학과	51	10	S/R	분자생물학, 미생물학, 세포생물학, 생체재료, 병원성미생물, 분자유전학, 나노의학
			화학신소재공학부		53	15	T/W	생체바이오
		의대, 약대			86			
7	이화여대	자연과학대학	화학생명분자과학부	생명과학과	계열별 모집	32	S/RG	기초과학, 동식물분류, 분자생물학, 세포생물학, 식물분자생물, 신호전달, 생물공정, 종양면역, 식물병리
				화학나노과학과		41	S/R	나노바이오, 생화학
		공과대학		식품공학과	계열별 모집	9	T/G	식품영양, 식품공학, 감각공학, 분자미생물, 식품기능성
		의대, 약대			76			

8	서강대		자연과학부	생명과학과	52	16	S/RG	기초과학, 분자생물학, 세포생물학, 동식물분류, 식물분자생물, 신호전달, 면역학, 바이러스, 유전자, 동물생리
				화학과	53	16	S/R	의화학, 생화학
			공학부	화공생명공학과	101	18	T/WR	나노바이오, 뇌, 바이오공정
9		(한양대 에리카: 본교 통합)						
10	경희대	이과대		화학과	46	20	S/R	생화학, 나노
				생물학과	55	14	S/RG	미생물, 환경생물, 식물분류, 신경발생, 분자바이러스, 분자세포생물, 생태독성
		생활과학대		식품영양학과	37	9	T/G	식품영양, 식품미생물, 식품위생, 식품생화학
		공대		화학공학과	70	17	T/W	바이오공정, 생물분리
		생명과학대학		유전공학과	66	14	ST/RG	식물광합성, 분자유전학, 세포생물학, 바이오센서, 식물분자생물, 신호전달, 생물공정, 종양면역, 바이러스
				식품생명공학과	44	10	T/G	식품공학, 식품생화학, 기능성식품, 식품미생물, 식품면역학
				한방재료공학과	28	7	T/RG	식물육종, 천연물화학, 한방바이오, 한방향장, 약리학
				식물환경신소재공학과	26	5	T/GW	식물소재 및 바이오매스, 나노바이오, 생태정보
				원예생명공학과	26	6	T/G	화훼 식물기초, 식물분자유전, 기능성대사, 원예작물
		의대, 약대			227			
11	인하대	공과대학		생명공학과	50	11	ST/WR	바이오공정, 나노바이오, 세포배양, 바이오소재, 기능성화장품
				화학공학과	124	23	T/R	나노바이오
		자연대학		생명과학과	39	12	S/RG	동식물분류, 바이러스, 미생물, 분자생물학, 식물생리, 세포생물학, 분자생물학
		자연대학		화학과	56	18	S/R	생화학
				해양과학과	40	8	T/G	해양바이오, 해양수자원, 해양생물

11	인하대	생활 과학대		식품영양학과	48	6	T/G	식품영양학
		의대			49			
12	서울시립대	공대		화학공학과	48	10	T/W	생물공정
		자연대		생명과학과	36	10	S/RG	분자면역학, 생화학, 분자생물학, 종양바이러스, 분자세포, 세포신호전달, 신경생물학, 구조생물학
				환경원예학과	29	6	S/G	식물환경, 식물세포, 식물유전
13	한국외대	자연대		생명공학과	48	8	S/RW	대사공학, 생태학, 분자생물학, 바이러스, 면역학, 세포학, 합성생물학
14	아주대	자연 과학대		생명과학과	46	10	S/RG	동식물 분류, 분자생물학, 바이러스, 세포생물학, 신경생물학
		공대		응용화학 생명공학과	71	16	T/WR	생명공정, 고분자, 나노, 재생의학, 합성단백질, 생명나노
		의대, 약대			70			
15	부산대	자연대		화학과	70	17	S/R	생화학, 나노, 생유기합성
				생명과학과	47	9	S/RG	식물, 분자생물학, 바이러스, 미생물, 세포생물학
				미생물학과	46	8	S/RG	미생물과학, 병원성 미생물, 산업미생물, 미생물공학, 분자유전학, 바이러스
				분자생물학과	46	12	S/RG	분자생물학, 식물분자생물학, 분자세포생물학, 단백질공학, 분자유전학, 분자면역학
		생활환경 대학		식품영양학과	34	8	T/G	식품영양학, 식품기능성, 식품생화학, 감각과학, 식품화학
		공대		화공생명 · 환경 공학부	101	12	T/W	생물공정
		생명자원 과학대학		식물생명 과학과	32	5	S/G	식물분자유전학
				원예생명 과학과	27	6	ST/G	화훼, 원예, 원예유전체
				동물생명자원 과학과	31	6	T/G	축산가공, 동물 유전
				식품공학과	27	5	T/G	식품미생물, 식품위생, 식품생화학, 식품질병

15	부산대			생명환경 화학과	32	6	ST/G	환경, 곤충, 미생물
				바이오소재 과학과	27	9	ST/G	천연바이오소재, 기능성 물질
				바이오산업 기계공학과	27	6	T/G	바이오기계, 바이오공장 설계
				바이오환경 에너지학과	28	6	T/G	환경, 수처리
		의대, 약대			125			
16	건국대	공과대학		화학공학과	160	23	T/W	생물공정, 생물화학공학
				생물공학과	38	6	T/W	생물공정공학, 미생물, 생물소재, 나노바이오
		상허생명 과학대		축산식품 생명공학과	47	11	T/G	식품공학, 식품미생물, 식품가공
				동물자원 과학과	49	8	ST/G	축산 사료, 동물영양, 동물생리, 동물발생
				식량자원 과학과	40	6	S/G	작물분자유전, 기능성물질, 작물생태
				환경보건 과학과	34	7	S/G	독성물질
				생명과학 특성화과	42	14	S/RG	구조생물학, 식물세포생물학, 발생유전학, 식물분자생리학, 분자세균학, 면역학, 분자뇌인지
				식품유통 공학과	30	6	T/G	식품공학, 식품위생학
		수의대			69			
17	경북대	자연대		화학과	45	16	S/R	생화학
				생물학과	34	10	S/G	동식물 분류 기초, 식물 발생, 동물 발생, 유전학, 바이오에너지, 환경생태
				생명공학과	90	23	ST/ RG	기초 생명, 동물 유전, 면역생물학, 단백질, 발암물질, 분자유전, 세포생화학, 병원미생물, 유전체
		농업생명 과학 대학(응용 생명 과학부)		식품생명과 학	95	9	T/G	식량작물 생명공학, 식품생명공학, 농업식품, 농업신소재
				환경생명과 학		8	ST/G	환경 생명 공학
				응용생물학		6	S/G	곤충 식물, 분자유전, 분자육종

17	경북대	농업생명 과학 대학(식품 공학부)		식품생명공학	99	7	T/G	식품기초, 식품응용, 천연식품소재, 식품생명공학
				식품소재공학		6	T/G	식품 기초, 식품 응용, 식품소재
				식품응용공학		5	T/G	식품 응용공학, 발효, 식품미생물
				바이오 섬유소재학과		6	T/G	곤충, 섬유
		의대, 약대, 수의대	의대, 약대, 수의대	의대, 약대, 수의대	168			
18	동국대	바이오 시스템 대학	바이오 시스템대학	바이오 환경과학과	44	6	T/G	환경, 바이오소재, 바이오에너지
				생명과학과	43	9	S/RG	미생물, 동물, 식물분류, 면역, 분자세포, 유전체, 생태
				식품생명 공학과	57	8	T/G	식품공학, 식품가공, 발효식품, 식품신소재, 식품미생물
				의생명공학과	41	7	ST/R	기초 및 의공학 응용, 생화학, 세포공학, 바이오칩
		공대		화공생명 공학과	74	12	T/W	생물공정
		약대			0			
19	전남대	공과대		생물공학과	28	4	T/GW	미생물공학, 생물소재, 친환경처리, 바이오에너지, 농업생명과학대학
		농업생명 과학대		식물생명 과학대학	76	16	ST/G	식용작물, 기능성식품, 신품종육성, 특용작물, 꽃, 육종, 원예, 병원균, 식물병, 식물해충
			산림자원 학부		51	16	T/GW	나무, 산림, 목재, 신재생에너지, 친환경목재
			농식품생명 화학부		50	18	ST/G	식품, 천연식품소재, 식품생명공학, 의약품, 환경, 농약, 비료, 화학, 사료, 토양미생물, 유전공학, 생화학, 식물유전
			동물자원 학부		53	10	T/G	동물, 사료, 동물미생물, 동물영양, 사료, 동물생명과학, 식육과학
			바이오에너지공학과		27	4	ST/GW	식물, 농업, 에너지, 미생물, 바이오자원, 식품공학
			지역바이오 시스템 공학과		32	20	T/G	토지, 농업, 토양, 생물재료, 농촌생태

19	전남대	생활과학대	식품영양과학부		52	12	T/G	영양, 식품, 임상, 풍미, 품질, 건강, 발효식품, 관능평가
		자연과학대		화학과	41	17	S/R	생화학
				생물학과	29	12	S/RG	미생물, 균, 식물분류, 면역, 분자세포, 담수조류, 유전체, 생태, 동물, 독성, 종양
				생명과학기술부	51	12	S/RG	면역, 줄기세포, 파킨슨, 호르몬, 종양, 유전체, 유전, 미생물유전, 식물분자, 세포생리, 생식, 시스템생물
		공대(여수)		생명산업공학과	20	5	T/G	식물육종, 식품생명공학, 미생물공학, 생물약학, 세포공학
				화공생명공학과	21	7	T/W	바이오공정
		수산해양대학	해양기술학부		계열별 모집 133	6	ST/G	해양양식, 해양생물자원, 해양환경, 분자생리학, 해양동물
				환경해양학과		6	ST/G	연안해양생물, 해양물고기, 플랑크톤, 해양독성
		의대, 약대, 수의대			175			
20	전북대	공대	바이오메디컬공학부	바이오메디컬공학부	43	7	T/W	헬스케어, 네크워크, 의료공학
				화공과	95	19	T/W	바이오 공정, 생물소재, 생물환경, 분자생물공정
		농업생명과학대학	농업생명과학대학	농생물학과	33	3	S/G	곤충, 식물 세균, 식물 분류, 식물병
				동물생명공학과	29	7	ST/G	동물축산, 사료, 동물 생리, 동물 번식
				동물자원과학과 (동물소재공학과)	34	6	ST/G	축산, 낙공, 가금, 동물 발생
				목재응용과학과	27	4	T/G	목재공학, 바이오매스, 미생물소재, 버섯
				생명자원융합학과	31	4	T/G	농촌환경 자원, 식육과학
				생물환경화학과	36	4	T/G	농업환경, 토양미생물, 식물생리활성물질
				식품공학과	7	7	T/G	식품공학, 식품가공, 발효식품, 식품신소재

20	전북대			작물생명 과학과	35	5	S/G	식물분자유전학, 작물생태, 종자
				원예학과	32	6	ST/G	원예, 화훼, 식물세포배양, 채소원예, 과수
		의대, 수의대			192			
21	충남대	농업생명 대학		식물자원학과	31	5	S/G	식물분자육종, 작물, 생태, 작물생리, 작물유전체, 작물육종
				원예학과	30	6	S/G	식물저장, 식물분자유전, 원예, 과수학, 화훼, 환경
				산림환경 자원학과	28	7	S/G	식물분류, 수목생리
				환경소재 공학과	28	6	T/G	목재, 바이오매스
				응용생물학과	30	6	S/G	식물병, 해충, 유용자원, 식물바이러스
				동물자원 과학부	64	14	ST/G	가축, 우유, 동물유전학, 동물번식, 사료, 가축영양, 축산가공, 가축유전체
				바이오시스템 기계공학과	29	6	T/W	바이오센서, 생체모델링
				식품공학과	30	6	T/G	식품단백질, 분자생물학, 유지, 효소, 식품미생물
				생물환경 화학과	30		S/G	농약, 토양미생물, 식물생리, 환경독성
		수의대, 약대			164			
22	국민대	과학기술 대학		산림환경 시스템학과	37	5	ST/G	산림, 환경, 생태, 기후변화, 산림병원균, 산림문화, 도시생태
				임산생명 공학과	37	7	T/G	목재, 바이오신소재, 복합재료, 바이오에너지, 목재미생물
				응용화학과	67	15	S/R	신약, 유기합성, 단백질, 효소, 진단시약, 항체, 의약단백질
				식품영양학과	35	8	T/G	영양분석, 식품기능, 임상보건, 유전체, 미생물, 감각, 대사영양
				바이오발효 융합과	40	9	ST/RW	생화학, 미생물학, 식품, 의약소재, 시스템생물, 분자유전학, 유전체

23	서울과학기술대	에너지 바이오 대학		화공생명 공학과	72	11	T/W	생체재료
				식품공학과	52	8	T/G	식품공학, 생물공학, 식품재료, 식품 미생물
				정밀화학과	48	6	T/W	천연물 화장 소재, 바이오센서, 생화학
24	충북대	자연 과학대	생명과학부		108	22	S/RG	식물분류, 세포생물유전, 후성유전, 동물통계, 바이러스, 미생물유전, 환경미생물, 미생물공학, 조직공학, 분자생물, 신경생물, 단백질구조, 면역학, 줄기세포
		농업생명 환경대학	식물자원 환경 화학부	식물자원환경 화학부		11	S/G	작물, 작물생리, 작물육종, 분자유전, 식물육종, 생화학, 토양미생물, 농업화학, 농약, 토양환경
			식품생명 축산부		71	13	ST/G	식품미생물, 효소발효, 식품공학, 분자생물학, 식품가공, 육가공, 가금, 동물장기, 동물유전체, 양돈, 사료
				응용생명공학	89	16	ST/G	식물생화학, 식물유전, 천연물화학, 특용식물, 특용작물
				바이오시스템 학과	31	5	T/G	생물공정, 농업가공
				식품영양학과	26	5	T/G	식품, 영양, 급식
		의대, 약대, 수의대			158			
25	울산대	자연 과학대	생명과학부		69	11	S/RG	바이러스, 생명공학, 환경미생물, 다양성, 생화학, 분자면역학, 식물생태
		공대	전기공학부	의공학전공	31	4	T/W	바이오센서, 신호처리, 계측제어
		의대						
26	영남대	자연 과학대	화학 생화학부		90	11	S/R	분자생물학, 암, 바이오센서
				생명과학과	33	6	S/GR	곤충, 식물분류, 발생유전, 동물유전학, 환경생태, 뇌질환
		생명응용 과학대		원예생명 과학과	33	5	S/G	식물유전, 채소생리, 원예병균, 화훼
				식품공학과	47	4	T/G	식품가공, 식품미생물, 식품생물공학, 식품안전

26	영남대			의생명공학과	35	4	ST/R	생리학, 분자세포학, 분자의학, 단백질, 면역
		생활과학대		식품영양학과	51	10	T/G	식품영양, 기능성식품화학, 식품미생물
		자연자원대		원예생명과학과	33	5	S/G	채소, 식물분자유전학
				식품공학과	47	4	T/G	식품미생물, 분자식품, 식품공정
			생명공학부		71	18	S/RG	분자유전, 효소, 동물유전, 대장미생물, 식물유전, 대사공학, 유전체, 생리학, 생리활성물질, 미생물
		의대, 약대			76			
27	가톨릭대	가톨릭대	생명환경학부	생명공학과	135	8	T/RW	나노바이오, 생물소재, 효소생산, 미생물공학, 식품생명공학, 약물전달, 생물고분자
				생명과학과		3	S/G	동물, 식물, 식물분류, 분자유전학, 동물발생
				식품영양학과		4	T/G	식품영양학, 식품발효학
28	홍익대	공대	신소재화공시스템공학부	화학공학전공	126	17	T/W	단백질공학, 바이오에너지, 바이오칩, 유전공학
		세종캠퍼스		바이오화학공학과	46	10	T/W	생물화학공학, 생물공정
29	숙명여대	이과대		화학과	40	11		생화학, 바이오이미징, 단백질구조
			생명시스템학부		48	15		분자유전, 세포유전, 종양생물, 분자미생물, 신경발생학, 생물정보, 약물대사체, 단백질, 유전체
			화공생명학부		63	10		시스템생물, 생체재료, 나노소재
		생활과학대		식품영양학과	40	7		식품영양, 식품미생물
		약대			80	18		
30	상명대	융합공대	생명화학공학부	생명공학과	39	6	T/W	바이오헬스, 해양생명, 유전공학, 분자환경
		문화예술대		식품영양학과	34	6	T/G	식품영양
31	한국해양대	해양과학기술대		해양생명과학부	38	6		수산육종, 어류사료, 식품영양, 분자생리, 미생물

32	제주대	생명자원과학대		식물자원환경전공	45	7	S/G	곤충, 토양, 기능성식물, 육종
				원예환경학과		5	S/G	과수육종, 화훼
				바이오소재학과	60	5	S/G	유전, 식물분자, 생화학, 미생물대사, 독성
				분자생명학과		5	S/G	생화학, 식물유전, 줄기세포, 유전공학
				동물생명공학과		6	S/G	동물육종, 동물유전, 동물단백질, 동물영양
		해양과학대		해양생명과학과	34	5	S/G	해양생물, 해양사료, 면역, 수산자원, 생태
				수산생명학과		7	S/G	어류육종, 분자유전, 해양미생물, 해양자원, 수산약리
		자연과학대		생물학과	27	7	S/G	동물, 식물, 분자생물, 신호전달, 미생물, 분류
				식품영양학과	30	6	T/G	식품영양, 식품생화학, 생물화학
		수의대			40			
33	숭실대	자연과학대학		화학과	45	8	S/R	DNA표면생화학, 단백질구조
			의생명시스템학부		52	9	S/R	분자유전, 단백질, 유전체정보, 생물물리학, 면역학, 구조생물학
		공대		화학공학과	98	15	T/W	생물공정, 바이오재료, 세포공학, 나노바이오
이공특성화대학 및 라이덴평가(바이오의료) 상위 30개 포함 대학								
이공1	포항공대	자연대학		생명과학과	320	29	S/RG	분자의과학(12명 교수), 세포 및 발달생물학(7명 교수), 식물생명과학(5명 교수)
				화학과		29	ST/R	바이오센서, 의약화학
		공과대학		화학공학과		22	T/W	생물촉매공학, 세포배양공학, 분자생명공학, 대사공학, 조직공학, 생체재료,환경생물공학
이공2	한국과학기술원	자연대학		생명과학과	750	32	ST/RGW	유전체, 단백질체, 암, 면역학, 줄기세포, 세포배양
				화학과		29	ST/RW	바이오 나노 분야, 생화학, 신호전달

이공2	한국과학기술원	공과대학		바이오 및 뇌공학과	750	23	T/R	바이오 정보, 신경공학, 바이오나노, 신호전달
				생명화공학과		32	T/W	바이오에너지, 나노바이오
				건설환경 공학과		16	T/GW	환경바이오, 환경미생물, 환경바이오기술
				신소재공학과		26	T/W	바이오 재료, 인공광합성
이공3	광주과기원		기초교육 학부	생명과학전공	200	18	S/RG	분자생물신경, 신약 개발, 종양, 유전자치료, 신경발생, 세포노화, 면역, 발생유전
이공4	울산과기대		생명과학부		320	36	ST/RGW	의료기기, 질병, 3D프린팅, 생물정보학, 세포배양, 종양, 면역, 신경망, 생물정보, 유전학
			에너지 화공학부			35	T/W	바이오에너지
라이덴13	한림대	자연 과학대		화학과	33	10	S/R	생유기화학
				생명과학과	43	6/6	S/GR	식물분자생물학, 분자면역, 미생물, 신경재생
				바이오메디컬 학과	47	6/6	S/R	생화학, 바이러스, 미생물, 암생물학, 분자유전
				식품영양학과	47	6/6	ST/G	식품영양, 식물미생물, 천연물
				환경생명 공학과	38	2/6	S/G	환경미생물
		의대			76			
라이덴14	인제대	문리과 대학		의생명화학과	30	3/6	S/R	생화학, 의화학, 생체소재
		보건의료 융합대학	의용공학부		82	5/10	T/RW	생명화학공학, 바이오칩, 의료고분자, 생체역학
				임상병리학과	40	6/6	T/R	임상병리, 면역학, 분자생명공학
		BNIT 융합대학	나노융합 공학부		100	2/14	T/WR	나노바이오, 약물전달
			바이오식품 과학부		50	7/7	T/G	식품영양, 식품공학, 식품미생물
			바이오테크 놀로지학부		70	9/9	S/RG	식물, 동물, 생화학, 세포, 분자유전, 미생물
				제약공학과	80	8/8	T/R	제약, 신약, 화장품, 약물전달
라이덴14	인제대			헬스케어 IT학과	50	3/9	T/RW	분자생물학, 의료공학, 의료정보
		의대			93			

라이덴22	강원대	공대	기계의용재료공학부		127	3/10	T/RW	인공장기, 생체신호, 생체거동
			화학생물공학부	생물공학전공	66	6/6	T/WR	세포, 발효, 약물전달, 단백질공학, 생물공정, 생물시스템
		농업생명과학대	바이오산업공학부	바이오시스템공학과	54	1/6	T/G	농업환경
				식품생명공학과	54	7/7	T/G	식품영양, 식품미생물, 식품가공, 생물분자
			생물자원과학부	식물자원응용과학과	52	6/6	S/G	식물, 천연물, 농작물유전체
				응용생물학과	52	6/6	S/G	곤충, 곤충분류, 식물병리, 식물세균, 바이러스
			원예, 자원학부	원예자원학과	58	6/6	S/G	화훼, 종묘, 식물생리, 식물육종
			환경융합학부	바이오자원환경학과	62	4/14	ST/G	바이오에너지, 환경미생물, 환경독성, 농약독성
		동물생명과학대		동물산업융합과	41	7/7	T/G	동물사료, 동물자원, 바이오매스, 동물바이오
				동물응용과학과	41	14/14	T/G	낙농, 축산, 축산소재, 동물자원, 육가공, 분자유전, 생리활성물질
				동물자원과학과	43	9/9	S/G	동물, 사료, 동물자원, 동물미생물, 동물번식
		의생명과학대		분자생명과학과	30	7/7	S/G	바이러스, 면역, 생물공학, 신경세포, 분자생화학
				생명건강공학과	29	6/6	ST/RG	생명건강자원, 곤충, 소재, 천연물, 발생공학
				생물의소재공학과	21	5/5	T/RW	유효성분전달, 나노생체, 미생물, 천연물, 줄기세포
			의생명융합학부	시스템면역과학전공	58	7/7	ST/R	항체공학, 면역소재, 구조생물, 세포면역
				의생명공학전공		6/6	ST/R	효소공학, 대사조절, 미생물유전, 생물공학, 생물정보, 면역학
		자연과학대		생명과학과	32	8/8	S/GR	식물, 미생물생태, 발암, 식물분류, 세포면역, 동물생리
				생화학과	62	6/6	S/R	생화학, 약학, 미생물, 단백질구조
		수의대, 약대			40			

라이덴23	경상대	자연과학대	생명과학부		85	10/10	S/RG	식물유전체, 면역, 신경생물, 합성생물, 생물정보, 해양생물
				식품영양학과	42	7/9	T/G	식품영양, 식품미생물, 식품가공, 식품생화학
		공과대		화공과	38	2/7	T/W	생물화학공학, 응용생물화학
		농업생명과학대		농업식물과학과	56	12/12	S/G	식물유전, 약용작물, 종자학, 분자유전, 원예, 과수원예, 작물
				농화학식품공학과	55	14/14	ST/G	식품가공, 식품미생물, 생명공학, 식품화학, 유기농약, 토양, 농약, 환경화학, 식품생명
				식물의학과	28	7/7	S/G	곤충, 분자생물, 식물세균
				축산생명학과	56	14/14	ST/G	축산, 사료, 동물발생, 유가공, 동물육종, 동물생리
		해양과학대		해양식품생명의학과	54	10/10	ST/G	해양생물, 해양자원, 수산식품, 해양천연물
		의대, 약대, 수의대			103			
라이덴27	단국대	자연과학대		식품영양학과	55	4/7	T/G	식품영양, 발효, 식품미생물
				생명과학과	45	7/7	S/G	식물, 동물, 신경세포, 분자유전, 생리활성
				미생물학과	50	11/11	S/RG	미생물, 산업미생물, 식품미생물, 분자유전, 병원성미생물, 면역학
				분자생물학과	50	11/11	S/RG	신경세포, 암전이 면역질환, 식물유전공학, 분자유전, 진단
		생명자원과학대		식량생명공학과	55	5/5	S/G	식물, 작물환경, 식물유전, 식물스트레스
				동물자원학과	61	8/8	T/G	동물, 유제품, 사료, 동물자원, 동물생육, 축산
		의대, 약대			40			
라이덴29	조선대	자연과학대		생명과학과	50	8/8	S/G	식물생리, 동식물분류, 세포생물, 면역학, 동물발생학, 유전학
				식품영양학과	42	4/5	ST/G	식품영양, 식품미생물, 식품생화학
				의생명과학과	45	5/5	S/GR	식물분자, 분자세포, 신경생물, 단백질

라이덴 29	조선대	공과대		생명화학 고분자공학과	121	2/11	T/W	생물화학공학, 생물공정
				생명화학 공학과		2/5	T/W	효소, 발효
		의대, 약대			125			
라이덴 31	부경대	자연 과학대		미생물학과	37	8/8	S/R	미생물 유전, 바이러스, 세포신호전달
		공과대		의공학과	38	9/9	T/R	나노바이오, 의료기기, 해양생명, 세포신호전달
		수산 과학대		식품공학과	41	8/8	T/G	식품공학, 수산가공, 식품미생물, 식품자원
				해양바이오 신소재학과	43	8/8	ST/G	분자유전, 환경생물, 세포공학, 번식생리
				자원생물학과	37	8/8	ST/G	조류, 수산해양, 어류, 수산자원
				생물공학과	37	7/7	ST/GW	생화학, 분자생물학, 유전공학, 생물고분자, 바이오에너지
				수산생명 의학과	30	6/6	ST/G	어패류, 수산질병
라이덴 37	세종대	자연대		화학과	46	3/11	S/R	단백질, 기능성소재, 질병분자, 단백질구조
		생명시스템학부		식품공학	148	10/10	T/G	식품미생물, 축산가공, 식품영양
				바이오 융합공학		20/20	ST/RGW	분자생물, 세포생물, 제약, 미생물, 식물생명공학, 바이오신약, 제약
				식물생명공학		9/9	S/G	식물, 원예, 식물분자생물학, 유전공학

PART 04

바이오 직업 선택하기

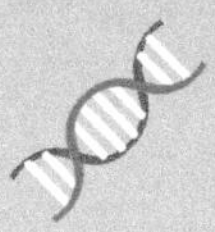

01

대학 졸업 후 진로

바이오 학과 졸업생 취업 및 진학 현황

① 바이오산업은 석사취업률이 높다

바이오 관련 학과 졸업생들은 바로 취업(학사취업)하거나 대학원 진학 후 취업(석사취업)한다. 바이오 학과는 석사취업 비율이 높다. 상위 45개 대학 265개 바이오 전공 학과 학사취업률은 53%(2017년 기준)다. 이는 45개 대학 내 자연대학 취업률(45.7%)보다 높지만 전체 대학 취업률(65.4%)보다 낮다. 반면 대학원 진학률은 25.2%로 45개 대학 전체 평균인 11.7%보다 2.1배 높다(그림 4-1). 요약하면 바이오 관련 학과는 대학원 진학률이 높아서 석사취업 비중이 많다. 왜 그럴까?

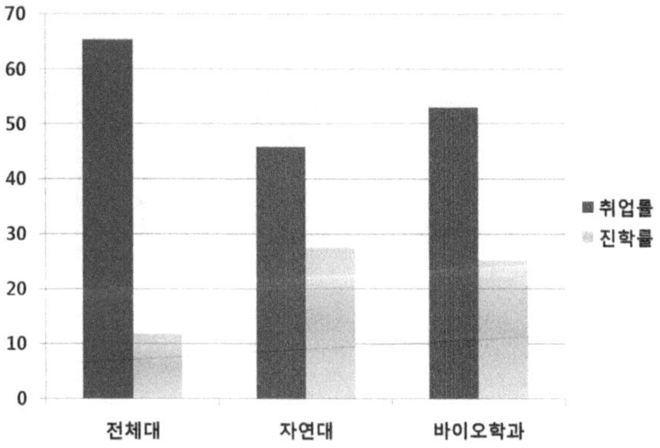

그림 4-1 **대학 내 바이오 학과 취업 및 진학률 비교**(대학알리미 데이터 가공)

바이오 산업체가 아직 초창기로 대량 생산형 공장보다는 소규모 연구개발 특성이 강하기 때문이다. 실제 국내 바이오산업체 인력 구성은 학사 42.1%, 석사 20.5%, 박사 5.9%다(그림 4-2). IT 계열 컴퓨터 분석가 산업체 인력 구성이 학사 74%, 석사 7%인 것에 비해 바이오 산업체는 석, 박사 비율이 상당히 높다. 전자, 화학, 조선 등 큰 공장보다는 소규모 단위로 고가의 약, 제품을 만들기 때문에 석사취업률이 상대적으로 높다고 볼 수 있다. 최근 삼성 바이오로직스, 셀트리온 등 대기업들이 대규모 공장을 운전하기 시작했다. 실제로 이런 대규모 공장에서 생산직으로 근무하는 인력은 학사 출신들이 많다. 이런 이유로 바이오 분야도 추후 학사취업 비율이 높아질 전망이다. 하지만 바이오 산업 특성상, 즉 다량 소품종 고가 생산품인 점을 고려하면 타 분야에 비해 학사취업보다는 석사취업 비율이 당분간 계속 높을 예정이다. 반면 식품 분야는 대규모 공장형 산업체가 많아서 학사취업이 많은 편이다. 대학원 진학이 많은 이유를 달리 볼 수도 있다. 학사취업을 원하지만 학사취업률이 낮으니 더 높은 석사취업을 원하는 경우라고도 볼 수 있다.

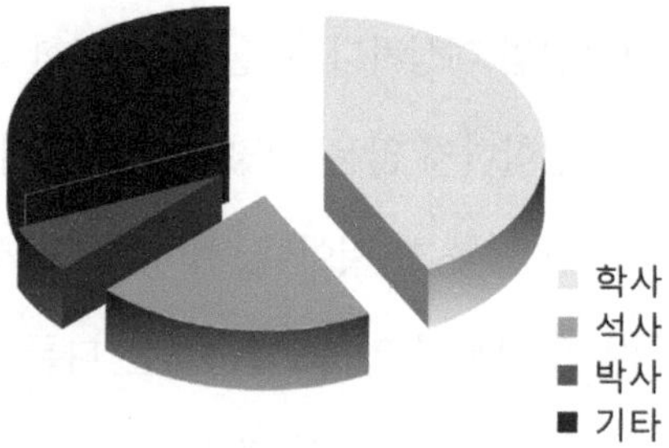

그림 4-2 **바이오산업체 인력 학위 분포(생명공학백서)**

② 상위권 대학일수록 대학원 진학이 많다

전국 대학 기준으로 상위권 대학일수록 진학률이 높다. 특히 이공계가 더 높은 편이다. 상위권 대학원 진학률이 높은 이유는 상위권 졸업생들이 학사취업보다는 석, 박사취업을 더 원하기 때문이다. 전문직 연구원, 교수가 꿈일 경우 대학원 진학을 해야 한다. 바이오 분야도 상위권일수록 대학원 진학률이 높다. 45개 대학 바이오 관련 학과 265개 중 대학원 진학률은 1~10위권에서 35%, 11~20위권에서 23.5%, 21~30위권에서 17%다(그림 4-3). 반면 학사취업률은 순위에 따라 크게 변하지 않는 53%대였다.

그런데 대학알리미 취업률 통계를 볼 때는 대상자 수가 중요하다.

즉, 학사취업률은 대상자가 적을 경우 오차 범위가 크다. 2016~2018년도 서울대 자연대 생명과학부의 경우 전체 졸업생 중 70.8%가 대학원에 진학했고 나머지가 학사취업을 택했다. 서울대 생명과학과 학사취업률은 불과 20%다. 계산법을 보자. 학사졸업생 중 대학원 진학자 수를 뺀 숫자가 학사취업 대상자다. 이들 중 취업한 사람 비율이 학사취업률이다. 실제로 진학하지 않은 10명 중 2명이 취업했다는 이야기다. 나머지 8명은 취업을 못 한 것이다. 설마 서울대생이 취업할 곳이 없어서 못 했을까? 더 자세히 알아보면 8명은 다른 전문직(공무원, 변리사, 유학, 창업)을 찾는 중이다. 이런 경우처럼 통계 숫자가 작을 경우 통계 함정을 잘 피해야 한다. 상위권 대학은 대학원 진학 후에 외국 대학에 유학한 경우가 많다. 즉 1, 2위권 대학은 대학원 졸업자가 산업체 취업보다는 연구소, 대학을 선호한다. 바이오 산업 분야 중에서 석, 박

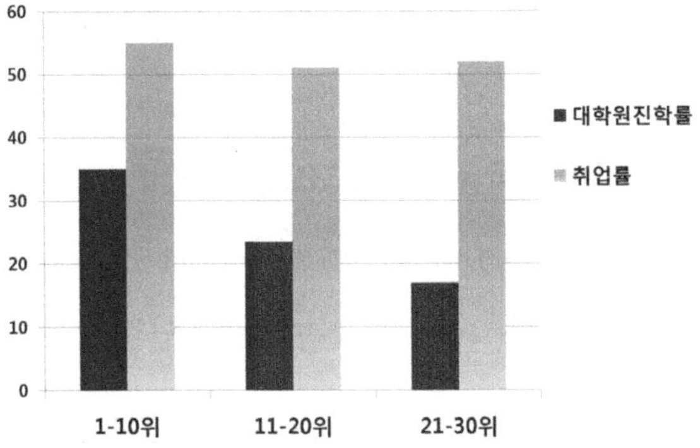

그림 4-3 **대학 순위별 바이오 학과 취업률, 진학률 비교**(대학알리미 데이터 가공)

사 비율은 바이오 화학산업(27.5%), 바이오정보서비스(23.3%), 바이오 의약(19.3%) 순이다.

③ 단과대학별로 취업률, 진학률이 차이 난다

한국과학기술원KAIST, 포항공대, 울산과기대, 광주과기대 등은 종합대학이 아닌 이공계 특화 대학이다. 중앙일보 순위 평가 대상이 아니다. 이들 4개 대학 바이오 관련 학과는 대학원 진학률이 평균 70.8%다. 국내 SKY 대학(37%) 1.9배다. 참고로 일본 KAIST 격인 도쿄공업대학원 진학률은 89.9%다. 일본 이공계는 대학원 진학률이 한국 3배에 가깝다. 일본과 한국의 산업 및 대학 특성이 다른 점을 고려해도 일본 이공계 대학 졸업생 학력이 그만큼 높다 할 수 있다.

국내 종합대학은 농대, 자연대, 공대, 생명과학대, 수산해양대, 생활과학대, 의대, 약대, 수의대에서 바이오 연구를 한다. 국내 상위 45개 대학에서 바이오 관련 학과가 많은 단과대학 순서는 농대(83개: 31%), 자연대(79개: 30%), 생명과학대(41개: 15%), 공대, 수산대, 생활과학대 순이다(그림 4-4). 생명과학대란 독립된 단과대학 형태로 각 단과대학에서 바이오 관련 학과를 따로 모은 단과대학이다. 하지만 그 안에 있는 학과는 독립적인 경우가 많다. 생활과학대는 식품영양학과에서 대부분 교수들이 바이오 관련 연구를 한다. 공과대학 49개 학과 중에는 생명공학과도 있지만 화공과에도 바이오 전공 교수들이 있어서 생명화공학과라는 명칭을 사용하기도 한다. 자연대는 생명과학과가 주축이며 화학과에서 생화학 관련 전공이 일부 대학에 있다.

단과대학별로 취업률은 비슷하다(그림 4-5). 공대가 약간 높다. 대학원 진학률은 독립된 단과대학인 생명과학대가 30%로 가장 높고 다음은 자연대, 공대 순이다. 바이오 학과 전체로 비교하면 144개 국내 대학 학사취업률보다 10% 정도 낮다. 반면 대학원 진학률은 바이오 학과 전체가 28%로 144개 전국 대학 대학원 진학률(10%) 2.8배다. 왜 바이오 학과가 대학원 진학률이 높을까? 그 이유는 석사 위주 인력을 필요로 하는 산업구조이기 때문이다. 즉 바이오는 아직 전자, 조선처럼 대규모 산업이 국내에 없기 때문이다. 의대는 졸업 후 인턴, 레지던트를 한다. 이후 의사 생활을 하면서 필요에 따라 의학박사를 취득하기도 한다. 의대, 약대는 학사취업률이 90% 이상이다. 반면 대학원 진학률

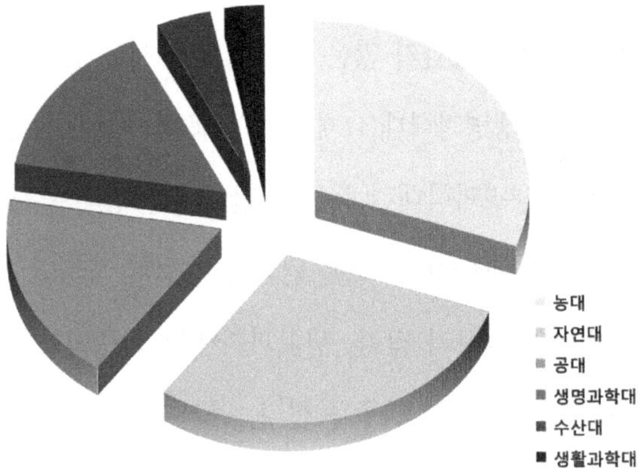

그림 4-4 **단과대학별 바이오 관련 학과 수**(대학알리미 데이터 가공)

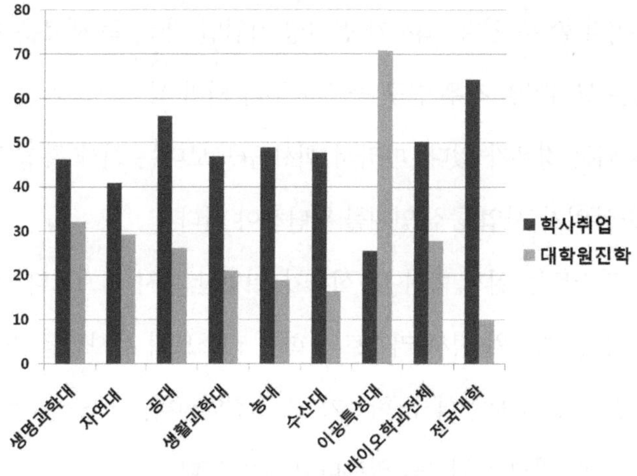

그림 4-5 **단과대학별 바이오 분야 취업 및 대학원 진학률**(대학알리미 데이터 가공)

은 5%도 안 된다.

④ 학사와 석사가 취업하는 산업체 종류는 비슷하다

학사나 석사가 취업한 산업체 종류는 다양하다. 하지만 학사든 석사든 취업하는 회사는 거의 동일하다. 학사취업자는 현장 생산 업무, 현장 관리 업무(제품 분석, 품질 관리), 영업 분야를 담당한다. 대학원 석사는 주로 품질 관리나 연구소 계통이다. 석사 출신은 대학원 2년간 실험실에서 연구를 한다. 지도교수 지휘 아래 특정 분야 실험을 통해 학사보다는 한 단계 높은 지식과 경험을 가진다. 연구소 연구원, 현장 생산 파트 관리, 현장 품질 관리, 새로운 상품 개발 업무 등이 주로 하는 일이다. 그에 비해 박사급은 대부분 연구 업무, 즉 새로운 제품 개발이 대부분이라 할 수 있다. 회사가 벤처형 기업일 경우, 즉 새로운 기술을 개발하는 모험형일 경우 연구 파트가 주가 되며 석, 박사 등 고급 인력이 집중되는 경우가 있다. 따라서 회사 규모보다는 회사 특성에 따라 '연구 중심'인지 '사업 중심'인지를 판단해야 한다.

아래 리스트는 실제 학사 및 석사가 취업한 회사 리스트다. 산업체 취업의 경우 대학원 석사 리스트와 학사 리스트가 유사함을 알 수 있다. 즉 같은 산업체에 석사, 학사가 모두 취업한다. 그중 석사는 좀 더 연구, 실험에 가까운 직무를 맡는다고 보면 된다.

단과대학별 학사, 석사취업 현황

① 공대 생명공학과(수도권, 10위권)학사, 석사취업 회사 리스트(2012~2017)

학사취업 회사

- **제약**: 고려제약, 구주제약, 녹십자, 구보타제약, 대웅제약, 동아제약, 보령제약, 삼성제약, 종근당, 중외제약, 한림제약, 한미약품
- **화학식품**: 금호미쓰이화학, 삼성정밀화학, 오뚜기, 롯데주류, 미원상사
- **바이오기업**: ST팜, 네오바이오텍, 녹십자셀, CJ제일제당, JSR마이크로코리아, LG생명과학, SPC, 바이넥스, 삼성메디코스, 삼성바이오로직스, 삼양제넥스, 서린바이오, 세원셀론텍, 쎌바이오텍, 셀트리온, 앱클론, 차바이오, 한올바이오파마

- **의료기기**: 신아의료기기, 싸토리우스, 한국애질런트테크놀로지스
- **기타**: GS건설, 대한항공, 동아쏘시오홀딩스, 보건신문, 삼성SDS, 시아스, 씨큐어넷, 아이엔지생명보험, 아이젤, 애니모비, 에스오일, 에이스부동산랜드, 재원산업, 21세기북스, 페덱스, 학원 강사, 한국룬드벡
- **공공기관**: 경인지방식약청, 농촌기술센터, 농협중앙회, 서해수산연구소, 인천공항, 대학산학협력단, 학사장교 입대

석사취업 회사

- **제약**: 녹십자, 대웅제약, 명문제약, 보령제약, 신풍제약, 일동제약, 종근당, 코오롱제약, 한미약품
- **화학식품**: LG화학, SK케미칼, 롯데중앙연구소, 한화케미칼
- **바이오기업**: Aptech, CJ인도네시아, CJ제일제당, LG생명과학, MH2바이오케미칼, ST팜, 글로리바이오텍, 넥스젠바이오텍, 디아이바이오텍, 메디오젠, 메디톡스, 바이넥스, 바이오노트, 삼성바이오로직스, 삼양제넥스, 셀트리온(29명), 아미코젠, 엘앤씨바이오, 유바이오로직스, 제넨텍, 종근당바이오, 차병원연구원, 폴루스
- **화장품**: MacDermid Korea, 더마프로, 미원상사, 엘리드, 한국콜마, 한국화장품
- **기타**: 베트남항공, 마크프로, 아이피솔루션, 알보젠코리아, 유진시스템, 이원다이애그노믹스, 정진국제특허법률사무소, 제이오, 코웨이, 하이디션, 영화과학
- **공공기관**: 미 텍사스대(연구원), 국립낙동강생물자원관, 국립환경과학원, 대학교산학협력단, 식품의약품안전청, 대학산학협력단, 한국생명공학연구원, 한국생산기술연구원, 한국해양연구원

② 자연대 취업 현황

- **서울대 생명과학과 RNA유전체 대학원연구실 석사 진로 현황**: 박사 후 과정(기초연구소, 영국 바이오회사, 예일대, MIT, 하버드, 네덜란드 제약회사, 미국 제약회사), 대학교수(순천향대, 홍콩대, 카이스트, 네덜란드 대학, 중앙대, 카이스트, 포항대), 판사
- **서강대 자연과학부 생명과학과 암세포연구실 석사 진로 현황**: KIST연구원, 한국원자력의학원, 미국 시카고대 박사 후 연구원, 미 일리노이대 연구교수, 셀트리온, 한국생명공학연구원, 제일제당바이오연구소, LG생명과학연구소, 이수앱지스연구소, 한화바이오연구센터, 하버드대학원, 미 워싱턴대학원, SK신약연구소, 한독약품
- **충남대 자연대 생화학부 석사 진로 현황**: 싱가포르 박사 후 연구원, ISMINC 회사 연구소, 대학 연구소 연구원, 코오롱생명과학, 보건환경연구원, 서울대 박사 후 연구원, 중앙백신연구소, 유타-인하연구소, 종근당, 바이오니아, 중앙백신연구소, 탑나노시스, 한국생명공학연구원, 중앙백신

③ 농대 취업 현황

- **서울대 농업생명과학대 식물생산과학부 작물분자육종연구실 석사 진로 현황**: 농진청 국립식량과학원, 중국 상해농업과학원, 중국농업과학원, 종자산업기술센터, 세종대 교수, 농진청, 중국 길림대 부교수, 중국 길림성농업과학원, 인도네시아 회사, 국립농업과학원, 방통대, 팜한농, 한국국제협력단, 안동시 농업기술센터, 농업기술실용화재단
- **충남대 농대 동물자원과학부 학사 진로 현황**: 사료업체, 유가공업, 육가공업체, 동물약품업체, 사료원료, 식물종자, 농협, 식품개발연구원

④ 생명과학대학(바이오 단과대학)

- **건국대 과학기술대 바이오발효융합과 미생물학연구실 석사 취업 현황**: 미국 대학 유학, 배상면주가 제품개발팀, 매일유업, 한국건강, 해양연구소, 정식품, SK바이오랜드, 파인애플(주), 신송식품, 크라운제과, 녹십자Cell, 농림평가원, 미코바이오메드

⑤ 약대, 수의대

- **약대 졸업생**: 지역 약국(42.8%), 병원 약국(39.2%), 제약회사(18.8%), 대학원 진학(13.6%)
- **수의대 졸업생**: 수의사(31.7%), 공무원(10.8%), 학교(3.4%), 회사(3.4%), 기타(48%)

상승 커브의 바이오 분야 연봉

바이오 분야는 돈을 얼마나 받을까? 설마 연봉에 따라 전공을 정하지는 않겠지만 그래도 궁금한 건 사실이다. 한마디로 바이오 분야는 먹고살 만큼은 받는다. 즉 다른 분야와 비슷하다. 국내 바이오 전공자 평균 연봉은 3780만(2011년)으로 타 분야(석유, 화학, 은행, 기계, 조선)와 큰 차이가 없다(표 4-1). 학력별 초임으로는 학사 2805만, 석사 3301만, 박사 4808만이다. 그런데 10년 전만 해도 바이오 분야는 연봉 수준이 타 분야에 비해 낮았다. 처음 시작하는 기업들이 많았기 때문이다. 바

이오 분야 대부분을 차지하던 제약회사들도 IT나 자동차, 중공업 분야들보다 덜 받았었다. 하지만 최근 바이오 전문가들 몸값이 뛰고 있다. 셀트리온, 삼성바이오로직스 등 대기업들이 바이오산업에 선두로 나서면서다. 셀트리온 주가 총액이 국내 굴지 포스코를 앞서고 있다. 코스닥 전체 시가 총액 20%가 바이오 업종이다. 코스닥 상위 10위 종목 중 바이오기업은 7개나 된다. 바이오 분야는 아직 신생 분야이지만 가장 뜨거운 업종이다. 이제 막 기지개를 켜고 벤처기업, 중견기업, 대기업이 쑥쑥 자라나고 있는 상황이다. 신생 기업은 잘될 수도 안될 수도 있다. 잘되면 처음 동참했던 사람들은 연봉을 훌쩍 넘어선 대박이 난다. 하지만 그만큼 위험할 수도 있다.

업종	평균 연봉(만 원)
증권, 투신, 선물	5127
보험, 연금	3859
석유, 화학, 고무	3859
의약품, 의료용품, 바이오	3780
국제 및 외국기관	3651
은행, 카드, 투자기관	3648
기계, 조선, 자동차, 운송장비	3607
소프트웨어, 솔루션	3476
전기, 설비, 환경, 플랜트	3400
전자, 반도체	3352
가죽, 가방, 신발	3298
철강, 금속, 비금속	3275

음식료품, 식품가공	3267
네트워크, 통신	3217
유통	2971
언론, 출판, 신문, 잡지	2871
비영리단체	2762
호텔, 여행, 항공	2633

표 4-1 **업종별 평균 연봉**(인크루트 자료)

대부분 대학 졸업자들은 스타트하는 회사보다는 어느 정도 안정된 회사를 찾는다. 즉 처음엔 대박보다는 안정을 찾는다. 바이오 분야에 경험이 쌓이고 본인 연구가 빛을 보면 그때 대박의 꿈으로 벤처 창업을 시도한다. 바이오 분야는 아직 신생 기업이 많다. 이런 곳을 좋아하는 모험가도 물론 있다. 입사한 지 10년 내에 수십억대 자사 주식을 가지고 있다는 필자 대학 졸업생이 있다는 것을 듣는 것만으로 즐겁다. 그런 행운은 바이오 벤처 창업자의 꿈이기도 하다.

연봉에 대해서는 첨부할 말이 있다. 만약 회사에서 월급을 받으며 평생을 지내고자 한다면 그 생각을 그대로 지켜라. 즉 회사에서 뼈를 묻을 생각으로 일해라. 회사 취업은 안정됨이 장점이다. 반면 한 번 인생인데 도전해보고 싶다면 도전해라. 도전에 따른 대박 기회가 장점이다. 하지만 회사원이든 벤처 창업가든 돈에 대한 진리는 하나다. 재미를 따라 일하면 돈은 자동으로 따라온다. 반면 돈을 따라가면 돈은 멀리멀리 도망간다. 따라서 돈을 벌고 싶으면 재미있는 일을 찾아야 한다.

02

바이오 직업별 하는 일

학부, 혹은 대학원 졸업자 진로는 산업체 근무, 전문직(대학교수, 공공기관 연구소, 공무원, 변리사 등)으로 대분된다. 어떤 직업을 택할까? 각각 특성을 알면 본인 진로를 결정하기가 쉽다.

산업체 근무

① 기업 연구소: 상업화연구가 우선이다

바이오 산업체에 들어가면 어느 파트에서 근무하게 될까? 현재 국내 회사에서 근무하는 사람들은 연구원(32.2%), 생산 파트(34.2%), 관리/영업 파트(33.6%) 셋으로 구분할 수 있다(그림 4-6). 석사 이상 학위자라면 연구 파트가 될 가능성이 많다. 연구 파트는 새로운 제품을 만드는 것이 주목적이다. 연구원이 되려면 당연히 연구 자체를 좋아해야 한다. 하지만 회사라는 특성이 있음을 잊지 말아야 한다. 즉 순수 연구보다는 상품화를 통해 돈을 벌어야 한다. 연구 목적이 상업화이고 돈이 되는 연구를 해야 한다는 말이다. 처음 입사한 신입사원의 경우 1~2년간은 일종의 트레이닝 기간이다. 회사 상황에 익숙해져야 되고 현재 진행 중인 일을 도와주는 일이 대부분이다. 시간이 좀 지나 익숙해지면 스스로 일을 진행한다. 즉 무엇이 목표라는 방향만을 회사에서 지시받고 독자적으로 아이디어를 내서 진행한다. 본격적인 연구 시작인 셈이다. 독자적이라 하지만 상급자에게 진행 상황을 보고하는 일은 기본이다. 연구소라고 해도 기본적으로 회사 내 한 부서다. 명령 체계가 있고 팀 단위 일이 많다. 회사에서 가장 환영받는 사람은 당연히 팀워크를 중시하고 남과 협력해서 일을 할 줄 아는 사람이다. 연구 특성이 강한 사람일수록 협동 능력이 부족한 경우가 많다. 그러나 독불장군을 좋아할 사람은 어디에도 없다.

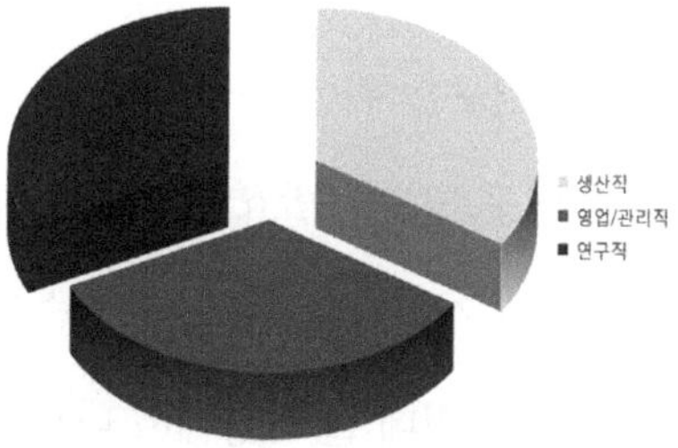

그림 4-6 **바이오산업체 근무 형태(생명공학백서)**

산업체에 입사해서 연구 부문에 근무한다면 독창적인 연구, 처음 하는 연구만을 하고자 할 것이다. 하지만 본인 입맛에 맞는 연구만을 하기 원한다면 회사 연구소는 차선책이다. 상용화가 당장 급한 회사 연구소는 기초연구, 장기연구를 하기 힘들다. 회사 연구원들은 현재 시장에 어떤 제품이 나와있는지, 경쟁 회사에서는 어떤 연구를 하고 있는지를 파악하는 것이 기본이다. 경우에 따라서는 연구 주제가 위에서 지정되어 내려오거나 기획팀에서 이런 제품을 만들어보자고 제안한다. 하지만 회사 상급자가 아이디어가 늘 넘치는 것은 아니다. 따라서 연구원이 인정받는 방법은 국내 대학이나 공공 연구소, 외국 대학 연구 상황을 늘 파악하고 회사에 필요한 아이디어를 '직접' 내는 일이다.

연구소에서 잔뼈가 굵어지고 가끔씩 신제품이 히트를 치면 승진을 하게 된다. 승진을 하더라도 연구는 기본이다. 다만 점점 더 회사 매출을 목표로 연구를 한다. 작은 회사의 경우 연구소는 현장지원 업무가 많다. 즉 현장에서 일어나는 문제점을 연구소가 해결해주는 일이 대부분이다. 신규 제품을 만들 여유가 없기 때문이다.

필자가 근무했던 대기업 연구소도 기초연구를 위한 자금 사정은 그리 녹록지 않았다. 술을 만드는 회사 내 연구소였다. 발효가 주 종목인지라 생명공학 전공인 필자도 발효 연구를 시작했다. 처음에는 술을 만드는 미생물을 개량하는 일에 관여했다. 그런데 술 공장에서 나오는 폐수 처리가 공장 현장에서 자주 문제를 일으켰다. 마침 미생물을 이용한 폐수처리 연구 경력이 있던 필자가 먼저 연구소 부장에게 제안했다. 간단한 미생물 폐수처리 파일럿장치를 만들면 그룹 내 술 공장에서 나오는 폐수처리 문제를 도와줄 수 있다고 말했다. 부장은 말단 연구원 말을 듣고 반색을 하며 적극 지원해주었다. 대기업 연구소지만 현장 문제를 해결할 수 있는 연구라면 그게 우선순위라는 이야기다. 그러니 순수연구를 끝까지 하고 싶으면 회사 연구소는 별로 좋은 선택이 아니다.

그렇다면 산업체 연구소장이 되기 위해서는 무슨 경력이 도움이 될까? 필자가 재직할 당시 연구소 부장은 이미 15년 연구소 근무 경력이 있었다. 중간에 한번은 현장, 즉 술 만드는 공장에서 근무한 적이 있다. 현장 경험은 회사 연구소 경력에서 중요한 재산이다. 현장 사정을 누구보다 잘 알고 어떤 제품이 어떤 문제가 있는지, 무엇이 필요한지를 가장 잘 알 수 있기 때문이다.

회사 연구소 간부가 되려면 단순히 연구 능력만이 필요한 것은 아니다. 그 자리까지 올라오려면 회사 임원의 필수 요건을 갖추어야 한다. 연구 능력은 기본이다. 연구를 해봤어야 연구 계획을 수립할 수 있을 테니까 말이다. 그런데 더 중요한 능력은 사람을 이끌 수 있어야 한다는 것이다. 이 능력은 비단 연구소장만이 아니라 모든 회사 임원의 필수 사항이다. 아랫사람들이니까 무조건 내 명령을 따르리라고 생각하는 구석기 시대 임원은 지금은 한 명도 없을 것이다. '나를 따르라'는 리더가 아니라 '같이 하자'고 이끄는 리더가 돼야 한다. 이렇듯 연구소 간부의 능력은 연구 능력만이 아니다. 또한 어떤 제품이 필요한가, 미래 트렌드는 어떤 것인가를 파악하는 능력이 연구소장의 능력이다. 이런 연구소장만이 진급하여 회사 CEO가 될 수 있다. 실제로 연구소장이 CEO가 되는 경우도 많다. 연구소장은 경영자다. 회사 연구소는 신입사원이건 간부사원이건 경영마인드가 늘 있어야 한다. 즉 순수연구가 아닌 상품화연구가 우선이고, 이것이 어떤 이윤을 만들 수 있다는 점으로 상사를 설득할 수 있어야 한다.

② 산업체 생산 부서: 현장 경험이 보물이다

필자 학과의 한 졸업생은 이제 LG생명공학 공장장이 되었다. 입사한 지 20년 만이다. 그는 공장에 정통한 '공장통'이다. 처음 입사할 때부터 공장에서 현장 일을 했다. 새로운 공장을 짓는 일도 맡아서 했다. 공장에서 하는 일은 대형 생물배양기를 운전하면서 백신을 생산하는 것이었다. 공장이다 보니 설비도 많다. 잘 돌아간다면 그냥 지켜만 보고 있으면 될 것 같지만 현장은 이런저런 일로 늘 바쁘다. 의자에 엉덩이를 붙이고 앉아있는 연구소와는 근본적으로 다르다.

바이오 전공인데 학부만을 졸업하면 생산 파트나 품질관리 부서에서 일할 확률이 높다. 여기에는 연구소와는 다른 특성이 있다. 필자는 석사 졸업 후 대기업 연구소에서도 근무했다. 하지만 대학 졸업 후에는 바로 현장 근무를 했다. 당시 근무한 환경사업부가 하는 일은 생물학적 폐수처리 시설을 짓는 사업이었다. 사업부는 돈을 벌어야 한다. 건설사업부가 아파트를 지어서 돈을 벌듯이 말이다. 사업부는 연구하는 곳이 아니므로 직접 일을 해야 한다. 필자가 했던 일 중 하나는 지방 출장을 가서 공장폐수 샘플을 떠 오는 일이었다. 이 샘플을 환경설계 기술사가 설계한 방식대로 처리하면 제대로 작동되는지를 검사한다. 필자가 일하던 곳은 10리터 생물학적 폐수처리시설 장치가 있는 곳이다. 여기에 폐수 샘플을 넣어서 제대로 처리되는가를 보는 일을 했다. 새로운 아이디어를 내는 연구가 아니라 매번 정해진 순서에 따라 결과를 내는 일이다. 계속하다 보면 지루해지기도 한다. 하지만 새로운 공사를 시작하고 수십억 원의 견적서를 제출하는 일은 자못 다이내믹하다.

필자는 처음 회사 시절 많은 시간을 현장에서 보냈다. 토목공사가 모두 끝난 축구장만 한 대형 폐수처리 시설에서 폐수를 미생물로 정화하는 시운전을 두 달씩 했다. 현장근무이다 보니 책을 보는 일은 거의 없다. 학과에서 배운 지식은 있으면 도움이 되는 정도였다. 대부분은 현장에서 지식을 습득해야 한다. 무엇보다 현장근무는 사람과의 관계가 제일 중요했다. 현장에서 생기는 일을 도와줄 사람은 본사 사무실에서 근무하는 사람이 아니라 내 바로 옆에 있는 동료다. 내가 하는 일을 감독하는 상대 회사 감독관이다. 가끔씩 소주잔을 기울이며 친해져야 한다. 인간관계는 회사원이라면 기본적으로 갖추어야 할 능력이다. '현장통'에게는 그것이 더 필요하다 뿐이다. 그러면 어떤 타입이 현장근무에 적합할까? 책상에 박혀서 연구하는 것이 좋은 사람도 있고 사람을 만나서 일을 성사시키는 것이 즐거운 사람도 있다. 본인 특성을 잘 알아야 즐겁게 회사에서 근무할 수 있다.

바이오산업체 현장은 각양각색이다. 만약 동물 세포를 키워서 백신을 만드는 회사라면 현장근무라는 것은 배양기를 운전하고 배양액에서 백신을 분리해내고 이를 주사제로 만드는 일이다. 현장에는 늘 무슨 일이 생긴다. 지루하지는 않지만 깊게 파고드는 연구도 아니다. 오히려 관리하고 운영하고 문제를 해결하는 일이 대부분이다. 그런데 내가 면담했던 학생들은 연구만이 대학 졸업자가 할 일이라고 생각했다. 하지만 아니다. 회사에서 '현장'이야말로 핵심 지역이다. 현장에서 잔뼈가 굵은 사람은 다른 곳에서도 그 경험과 능력을 발휘한다. 능력이란 사람과 섞여 지내는 법, 그들과 친구가 되는 법, 그들이 힘을 낼 수 있도록 이끄는 능력이다. 이런 능력은 연구소이건 현장이건 절대적으로 필요하다. '현장통'은 진급해서 공장장이 된다. 공장장은 회사 임원이 되기 쉽다. 왜냐하면 가장 중요한 현장 경험이 있기 때문이다. 예전에는 경영 전공자들이 CEO가 되었다. 하지만 바이오산업에서는 이공계가 CEO가 되는 경우가 많다. 그만큼 기술이 중요한 분야이기 때문이다. 현장과 늘 붙어있는 곳은 품질관리QC: Quality Control 파트다. 매번 만들어지는 제품이 규격에 맞는지, 다른 이물질은 없는지를 검사한다.

제약회사에서는 필수다. 소규모 회사에서는 연구소에서 이 일을 담당하기도 한다. 주로 분석기기를 사용해서 품질 검사를 하기 때문이다. 품질관리 파트는 비교적 순탄한 근무 여건이다. 샘플이 오면 분석만 해주면 된다. 순탄하지만 그런 만큼 단조롭다. 단조로운 만큼 회사에서는 크게 주목받는 곳이 아니다. 무언가를 배워보고 싶고 다이내믹한 일들을 만들어보고 싶은 사람에게는 몸이 근질근질한 곳이다. 결론은 간단하다. 회사 근무를 하고 싶은가? 그렇다면 본인 특성에 따라 근무 부서를 결정하라.

③ 관리, 영업 부분: 이공계도 도전해볼 만하다

필자는 대학 2학년부터 학부생을 상대로 취업 면담을 한다. 무엇을 하고 싶은가 하고 물으면 대부분이 연구소 근무를 원한다. 그런데 한 학생은 처음부터 영업이 꿈이라 했다. 영업이 어떤 일인지도 정확히 알고 있었다. 본인은 다른 사람을 만나고 돌아다니는 일이 좋지 한군데서 집중해서 연구하는 일은 체질적으로 안 맞는다고 한다. 전형적인 '영업맨'이다.

바이오 전공은 이공계다. 이공계가 관리 부서에서 일할 확률은 많지 않다. 하지만 영업이나 기획 분야는 충분히 도전해볼 만하다. 회사의 꽃은 영업이다. 그곳에서 돈이 벌리기 때문이다. 회사 CEO가 되려면 어떻게 돈이 벌리는지는 훤하게 알고 있어야 한다. 영업 부서는 마지막까지 남아있는 부서다. 즉 회사가 아무리 어려워도 영업을 접지는 않는다. 영업이 안 되면 그게 끝이기 때문이다. 하지만 영업은 쉽지 않다.

필자가 대학 졸업 후 삼성에 입사해서 신입사원 교육을 받을 때 일이다. 마지막 남은 과정이 영업 실습이었다. 당시 막 출시된 삼성 신제품 카메라를 10대씩 나누어주고 하루 동안 팔아 오라는 것이다. 신입사원 교육이니 당연히 교육 실적에 신경이 쓰였다. 팔아야 했다. '군대도 다녀왔겠다, 동아리 활동으로 단련도 되었으니 요 정도는 팔 수 있겠지'라고 마음먹고 무작정 남의 집 대문을 두들겼다. 열 집에 아홉 집은 아예 문을 안 열어주었다. 삼성 마크가 선명한 작업복을 입고 신입사원 훈련 중이라고 이야기했지만 결과는 참혹했다. 하루 종일 돌아다녀서 겨우 한 대를 팔았다. 그것도 사실은 애걸해서 떠맡긴 셈이다. 즉 무작정 방문이 아니고 대학 선배를 찾아간 것이다. 그 선배는 대기업 영업 과장이었다. 본인 신입사원 시절이 생각난다면서 한 대를 사주었다.

영업은 힘들다. '갑'은 커녕 '을'도 아닌 '병, 정'이 영업사원이다. 즉 남에게 팔아달라고 부탁을 해야 하는 아쉬운 입장이란 뜻이다. 회사에서 가장 힘든 것이 영업이다. 하지만 그런 고비를 넘어선 사람은 무엇이든 할 수 있다. 영업에 도통한 사람들은 오히려 영업이 단순하다고 한다. 즉 사람을 파는 것이지 상품을 파는 것이 아니라고 한다. 결국 처음이 힘들지 신용이 쌓이면 오히려 오래된 친구처럼 편하다는 것이다. 필자는 그런 경지는 잘 모른다. 하지만 최근 영업은 구석기 시대 방식이 아니다. 즉 같이 술이나 진탕 마시면서 접대해서 친분이 쌓이면 영업에 성공할 수 있다고만 생각해서는 곤란하다.

상대방, 즉 구매자 입장에서 보자. 그가 구매하려고 하는 물건은 일단 원하는 수준까지 와있어야 한다. 즉 기술이 확보되어야 한다. 두 번째는 가격이 맞아야 한다. 구매자 입장에서는 개인이 결정하는 경우보다는 회사 이름으로 구매하게 된다. 당연히 낮은 가격에 구매되어야 한다. 세 번째로 필요한 것은 파는 사람과의 친분, 신용 관계다. 즉 그 사람에게 구매하면 제때 납품되고 사후 문제가 생겨도 완벽하게 처리된다는 신용이다. 이런 3박자, 즉 기술력, 가격 경쟁력, 거래 신용이 모두 맞아야 물품을 팔 수 있다. 영업사원이 하는 일은 처음 두 개에 대한 정보를 정확히 전달해주는 일이고 3번째를 확신시키는 일이다. 100번은 거절당한다고 생각하고 달라붙는 것이 영업정신이다. 마음을 독하게 먹지 않고는 쉽게 좌절할 수 있다. 요즘은 연구원들도 영업마인드를 가져야 살 수 있다. 즉 영업팀과 늘 접촉해서 어떤 제품들이 잘 팔리고 어떤 특성이 필요한지에 대한 감각을 가지고 있어야 한다. 때로는 연구팀에서 기술영업을 시도하는 경우도 많다. 즉 기술적인 내용을 가장 잘 알고 있는 연구팀이 직접 구매자를 설득하는 경우다. 연구 능력과 함께 영업마인드도 있다면 그는 연구원으로서 금상첨화다. 회사에서 성공하고 싶은가? 영업에 도전해라.

④ 벤처, 개인창업: 확실한 기술이 먼저다

기술과 아이디어를 가지고 벤처회사를 차리는 바이오 전공자들이 늘고 있다. 또 4차 산업혁명 시대에 바이오벤처는 바이오 전공자들 꿈이기도 하다. 어떤 경로로 이것이 가능할까? 누구나 성공할 수 있을까? 학부나 대학원을 졸업하고 바로 벤처회사를 차리는 경우는 극소수다. 성공 확률도 높지 않다. '벤처Venture'란 단어 뜻은 '모험'이다. 회사 경험이 없는 상황에서 바로 설립한 벤처회사는 쉽지 않다. 단순 아이디어만으로 돌아가는 것이 회사가 아니기 때문이다. 더구나 바이오기술이 IT기술처럼 프로그램만으로 돌아가는 기술도 아니다. 많은 기기를 사용해서 사업화에 필요한 연구를 해야 한다. 즉 아이디어도 필요하지만 바이오기술은 기본이란 이야기다.

바이오벤처회사가 되려면 기본적으로 확실한 '상업적' 아이디어, 즉 돈을 벌 수 있는 아이디어가 있어야 한다. 현장 상황을 잘 알고 있는 상황에서 나왔다면 그 아이디어는 성공 확률이 높다. 회사에서 근무하다 보면 어떤 식으로 회사가 돌아가는지 알 수 있다. 이 단계가 지나면 그동안 가지고 있었던 아이디어를 벤처회사로 시도해볼 수 있다. 단, 기술이 좋고 독점적이어야 한다. 벤처는 기술이 바탕이기 때문이다. 본인이 아이디어를 염두에 두고 회사 생활을 계속 하다 보면 슬슬 길이 보이기 시작한다. 어떤 경로로 자금을 확보하고 누구누구를 데려와서 일을 시작하고 어떻게 현금 흐름을 확보하고 누구에게 판매할 것인지가 보인다. 그때 시작해도 늦지 않다. 기술력이 좋다면 벤처캐피털이나 기술신용기금과 같이 정부, 공공기관, 은행 등에서 자금을 확보할 수 있다. 물론 공짜는 아니다. 장기 저금리로 빌려준다고 생각하면 된다.

컴퓨터만 가지고 창업을 하는 IT 분야와는 달리 BT(바이오) 분야는 많은 경우 다양한 기기들이 필수다. 처음 시작 단계에 기기 구입 자금이 많이 들어갈 수 있다. 정부에서 설립한 각 지역 바이오지원센터에서는 창업에 필요한 사무실과 기기들을 임대해준다. 승부수는 물론 아이디어다. 그리고 학교를 졸업하고 벤처를 바로 차리는 경우보다는 회사에 근무하면서 만드는 경우가 성공 확률이 높다. 아무리 벤처라지만 경영과 경험이 중요하기 때문이다. 한편 개인이 창업하는 경우도 있지만 회사에서 따로 벤처회사를 만들어 내보내는 경우도 많다. 또한 대학이나 공공 연구소에서도 벤처 설립을 권장하고 지원한다. 즉 연구원이나 교수가 창업을 하는 경우다.

필자 주위에서도 종종 벤처를 설립한다. 벤처는 글자 그대로 모험 기업이다. 음식점을 오픈하는 경우와는 다르다. 기술력이 좋다면 아이디어가 제대로 돌아감을 보이고 이 중간 단계에서 기술을 특허 형태로 팔 수도 있다. 아니면 큰 회사가 통째로 그 회사를 사버릴 수도 있다. 기술만 좋다면 실제 판매까지 가지 않아도 수익을 낼 수 있다는 말이다. 하지만 대부분 벤처회사는 처음에 어려운 단계를 넘어서야 한다. 공공 연구소나 대학에서 벤처창업을 할 경우 연구만 했던 사람이 회사를 운영하기란 쉽지 않다. 따라서 기술력만 제공하고 전문 경영인이 따로 운영하는 방법도 있다. 잊지 말아야 할 사항은 벤처는 모험 기업이라는 것이다. 신생 기업이 살아남을 확률은 5% 미만이다. 어떤 면에서는 벤처도 식당 개업과 다르지 않다. 남과 달리 이길 수 있는 무엇이 있어야 한다. 확실한 기술력과 자금력, 여기에 어려움을 이길 수 있는 강인한 정신력이 준비되어야 살아남는다.

전문직(공공 연구소, 변리사, 대학교수 등)

학부를 졸업하고 대학원에 진학하면 석사나 박사 과정을 선택한다. 일부는 석, 박사 통합 과정이 있는 경우도 있다. 바이오 분야는 산업체 석, 박사 구성 비율이 26.4%로 타 분야에 비해 높다. 따라서 석사 학위를 가지고 회사나 공공 연구소에 취업하는 경우가 많다. 석사는 보통 2년, 박사는 석사 취득 후 3~5년이 소요된다. 대학원 실험실에서 지도교수와 함께 특정 분야를 연구하고 논문을 써서 심사를 거치게 된다. 힘든 과정이지만 이 분야가 체질에 맞으면 시간 가는 줄 모르고 연구에 집중할 수 있는 장점도 있다. 그러나 박사가 된다고 일할 곳이 기다리고 있는 것은 절대 아니다. 학력이 높을수록 그만큼 취업 문은 좁다.

국내 100개 바이오 관련 학과 졸업생 중 박사는 5%다. 박사 학위 소지자는 회사 연구소, 공공 연구소, 그리고 대학교수로 간다. 이른바 전문직이다. 평생 연구로 밥 먹고 살아야 한다. 회사로 직접 들어가는 경우도 있지만 회사에 근무하면서 학교 박사 과정을 밟고 학위를 받는 경우도 종종 있다. 이 경우는 회사 근무가 주목적이고 박사를 받은 후에도 역시 회사에 근무하게 된다. 공공 연구소는 생명공학연구원, 한국과학기술연구원 등 국가나 공공단체에서 운영하는 연구기관이다. 국립 기관에 들어가면 공무원 신분이 될 수도 있다. 물론 석사 학위 소지자도 공공 연구소에서 근무한다. 하지만 전문 연구기관인 만큼 박사 학위 소지자가 우선이다.

① 공공 연구소

국공립 연구소는 전문 연구기관이다. 연구로 밥 먹고 산다. 월급을 주는 곳은 국립 연구소라면 정부일 수도 있다. 한국생명공학연구소에서 일할 경우 공무원 신분은 아니다. 따라서 정부에서 일부 월급을 지원해주고 나머지는 알아서 자금을 확보해야 한다. 즉 정부에서 지원하는 연구 과제를 수행하거나 기업에 필요한 연구를 수행해주게 된다. 국립 연구소 연구원들처럼 공무원 신분이라기보다는 반 공무원, 반 회사원 성격이 강하다. 이런 점이 장점일 수도, 단점일 수도 있다. 여기서는 회사와 공동 연구를 통해 산업 현장을 잘 이해할 수 있는 계기를 얻는다. 그만큼 벤처를 시작할 수 있는 여건이 생긴다. 또 공공 연구소에 처음 입사한 석사급 연구원들은 박사 지휘 아래 한 팀이 된다. 매번 정해진 일을 하는 공무원 같은 상태가 아니다. 새로운 연구를 통해 무언가 끊임없이 만들어내고 결과를 내야 한다. 결과물이 논문이 될 수도 있지만 연구소 특성상 주로 산업화가 얼마나 되었는가를 평가한다. 이 공공 연구소는 기초 과학기술 연구와 산업체 지원 형태 연구를 동시에 해야 한다는 특성이 있다. 어떤 경우이든 연구를 정말 좋아해야 하는 점은 동일하다. 국내 공공 연구소 현황은 별도 표를 참조하기 바란다.

② 변리사

변리사는 특허를 다루는 직업이다. 고도의 전문성이 요구된다. 어떤 기술이 특허가 되는지, 산업적으로 무슨 특성, 어떤 시장성이 있는지를 잘 알고 있어야 한다. 변리사는 시험을 통과해야 하는데 평균 경쟁률(2018 기준)은 1차, 2차 모두 5.5:1, 전체로는 30:1이다. 보통 학사 졸업을 하고 시험 준비를 한다. 석, 박사 학위가 변리사에 필요한 것은 아니다. 하지만 연구 내용, 방법을 훤히 알고 있어야 한다. 특히 생명공학은 예전에 비해 산업적 중요성이 급증했다. 특허 분야에서도 중요 분야다. 변리사 시험에 합격하면 두 가지 진로가 있다. 개인 변리사 사무실에 취업하거나 기관(대학, 기업, 공공기관)에 입사하는 방법이다. 개인 변리사 사무실은 특허 업무를 수주해서 특허를 등록하고 관리해주는 곳이다. 변호사와 마찬가지로 수주, 즉 영업을 해야 한다. 처음 입사해서는 상급자가 수주해 온 특허 업무를 처리하지만 조금 경력이 쌓이면 외부에서 특허 건을 수주해야 한다. 수주는 영업이다. 이는 변호사, 세무사 모두 같은 처지다. 변리사 자격으로 공공기관이나 회사에 입사한다면 그 기관 특허를 관리하겠지만, 개업을 한다면 같은 변리사라도 본인 능력 여하에 따라 수입은 천차만별이다. 그만큼 경쟁이 심하다는 의미다. 변리사가 되었으니 편하게 지낼 수 있으리라 생각하면 오산이다. 모든 직업은 다 경쟁이 있다. 세상에 공짜 점심은 없다.

③ 대학교수

대학교수 대부분은 박사 학위 소지자다. 학부를 졸업하고 석사, 박사 학위까지는 보통 5~7년이 걸린다. 박사 학위 후 다시 2~3년 동안 대학교나 기업체 연구소에서 연구 경력을 쌓는다. 이른바 '박사후 과정Post-Doc'을 밟는다. 빠르면 30대 초반, 늦으면 30대 후반에 대학교수가 된다. 물론 남자라면 군대를 다녀오거나 박사 중간 혹은 박사 후에 전문연구원으로 병역특례기관(회사, 공공단체)에서 근무하면서 병역을 대신해야 한다. 박사후 과정은 교수가 되기 위한 필수 사항은 아니다. 다만 박사 과정 동안은 지도교수와 함께 어떤 연구 주제를 가지고 연구했다면, 박사후 과정은 본인이 직접 연구 과제를 진행하는 경우가 많으므로 실제 연구를 해보는 경험을 쌓는 과정이다.

대학교수직은 경쟁이 '지극히' 치열하다. 좋은 대학, 좋은 박사후 경력이 교수 선발에 필수다. 연구 업적, 즉 논문 발표 실적이 교수 선발을 대부분 결정한다. 박사를 외국에서 해야 하는가, 국내에서 해야 하는가도 결국은 어느 쪽이 연구 경력에 중요한가에 따라 결정해야 한다. 현재 바이오 전공 교수 대부분은 외국 박사 학위 소지자다. 하지만 최근 들어 국내 박사 학위자가 점점 늘고 있는 추세다. 병역 문제를 해결하려고 국내에서 박사를 하고 병역특례 근무를 한다. 이후 외국 유명 대학에서 박사후 연구를 하는 경우가 많다. 국내 대학 연구 여건이 해외 대학에 뒤지지 않는 점도 국내 박사를 택하게 되는 원인이다.

교수가 하는 일은 교육과 연구다. 어떤 부분에 더 많은 노력을 하는가는 어떤 대학인가에 따라 다르고, 교수 선택 사항이다. 대부분 대학에서 교수 수업 시간은 일주일에 6~15시간이다. 하루 종일 근무해야 하는 회사와 비교하면 강의 시간이 그리 많은 것은 아니다. 하지만 강의를 제대로 준비하고 학생들의 진도, 어려움, 질문 등에 대해서 준비해야 한다면 결코 만만치 않은 시간이다. 한편 상위권 대학일수록 교육보다는 연구 성과에 집중하게 된다. 상위권 이공계 대학교수의 경우 강의보다는 연구에 소요되는 시간이 '상당히' 많다. 바이오 관련 교수는 각자 실험실을 운영한다. 대학원생(석, 박사)과 외부 연구원으로 연구팀을 꾸리게 된다. 교수 전공 분야에 따라 실험실 연구 방향이 결정된다. 연구 자금을 받으려면 연구 과제를 수주해 와야 한다. 즉 정부기관, 산업체에서 발주하는 과제에 신청해서 선발되어야 한다. 연구 자금이 확보되면 실험실 내 연구원들에게 연구 방향, 방법 등을 지도해서 과제를 수행한다. 대학원생들은 본인들 연구를 석, 박사 논문으로 작성한다. 때로는 외부 학회에 이 논문을 발표해야 석, 박사 심사 자격이 되기도 한다.

국립대학이라고 해서 연구비를 그냥 지원해주지는 않는다. 따라서 교수 연구 능력에 따라 연구비 규모가 결정되는 '치열한' 전쟁이 '조용히' 진행되고 있는 곳이 대학이다. 상위권 대학의 경우 우수한 대학원생이 많이 진학하게 되고 더불어 교수 연구실의 연구 성과도 높아진다. '부익부 빈익빈'이 되는 것이다. 바이오 전공 교수는 이런 연구와 교육으로 평생 살아야 한다. 당연히 이런 일이 체질에 맞고 좋아해야 한다. 대학생들을 가르치는 것이 즐거워야 하고 대학원생들과 같이 실험하고 머리를 짜내는 것에 시간 가는 줄 몰라야 한다. 본인이 연구가 체질이라고 할 때 산업체, 공공기관, 대학 중에서 어디를 택할 것인가? 요약해보자. 산업체는 실제 생활에 적용할 수 있게 하는 것, 즉 상용화가 주목표다. 대학은 좀 더 기초연구에 집중한다. 공학, 약학 계열 등은 응용 중심이다. 공공기관은 기초와 상용화의 중간 정도라고 할 수 있다. 대학 연구의 가장 큰 장점은 교수가 하고 싶은 일에 집중할 수 있다는 점이다. 즉 본인이 관심 있는 주제를 선택하고 집중할 수 있다. 반면 회사는 돈벌이가 되는 연구가 우선이다. 어느 쪽이 좋은가는 순전히 개인 선택이다.

교수는 교육과 연구, 두 가지로 평가를 받는다. 상아탑이라고 고고하게만 대학을 생각한다면 그건 호랑이 담배 피우던 옛날 이야기다. 평가와 경쟁이 회사 못지않게 치열하다. 직접적 원인은 최근 고교 졸업생이 줄어든 것이다. 따라서 대학 입학 정원도 줄면서 순위가 낮은 대학이 문을 닫는 일이 생기기 시작했다. 그만큼 대학 경쟁력을 높이는 일이 중요하다. 강의와 연구 업적을 평가하고 학생에게도 그 결과를 공개해서 교수 진급과 연봉에 반영하는 등 교수로서 업무 강도가 점점 강해지고 있다. 최근 채용되는 신임 교수들은 계약제다. 즉 교수라는 직업은 평생 보장되는 것이 아니다. 언제라도 해고될 수 있다. 어느 직업이건 경쟁은 필수다. 대학교수가 경쟁 없는 '철밥통'이던 시절은 확실히 지나갔다. 편한 직업이라고 생각하고 대학교수를 꿈꾸지 말자. 교육, 연구 두 개가 모두 체질인 사람이 대학교수가 되어야 한다.

03

바이오 산업체, 공공 연구소 현황

평균 인력 70명, 초기 단계 많은 바이오산업체

국내에는 어떤 바이오기업들이 있을까? 2017년도 기준 총 984개 기업이 리스트에 올라와 있다. 기업 규모는 1,000명 이상(4.4%), 300~1,000명(8.2%), 50~300명(26.4%), 1~50명(60%) 순으로 나타났다(그림 4-7). 한 기업당 평균 71명이 근무한다. 회사별 인력 수를 보면 화학, 의약, 전자, 공정, 식품, 정보서비스, 환경 순이다. 바이오화학이 높은 이유는 LG생명공학 등 대기업이 화학으로 분류되는 경우가 많기 때문이다.

이 984개 기업은 어떤 상황일까? 바이오가 이제 불붙은 상황임을 고려하면 막 시작하는 기업은 매출이 당연히 적다. 손익분기점을 넘기는, 즉 이윤이 나는 기업은 32.6%이고 나머지는 손익분기점 미만(35.7%)이거나 매출 발생 이전(31.7%)이다. 매출이 있는 기업의 경우 10년 이상 된 기업이 41.2%이다. 즉 아직 초기 상태인 기업이 많은 편이다. 한편 국내 기업 중 28.2%는 대학이나 외국 연구소와 협력 실적이 있다. 특히 바이오의약 부분은 기업체끼리 협력을 맺어서 전략적으로 제휴하고 있다. 스타트업 벤처의 경우 대기업과 기술제휴 계약 등을 맺어서 연구와 영업을 서로 제휴하는 셈이다. 기술협력 단계는 기초단계가 33.5%로 가장 큰 비중을 차지한다. 이런 기술 위주 기업들은 끝까지 자본을 투입해서 생산 과정까지 가지 않는다. 즉 중간 단계에서도 기술이전 등을 통해 수익이 발생한다. 신약 개발은 기간이 10년 이상, 비용이 수천억 원이 들어서 국내 대기업도 감당이 힘들기 때문에 신약후보물질을 중간 단계에서 화이자, 머크 등 글로벌 기업에 팔면 수천억 매출이 생길 수 있는 것이다. 국내 바이오의약 산업체는 기초 단계를 지나 실험, 시작품 단계가 타 분야보다 많다. 즉 완제품 이전 단계가 많다. 바이오가 이제 막 산업화되기 때문이기도 하고 끝까지 가지 않고 중간에서 기술, 특허를 판매하기 때문이기도 하다.

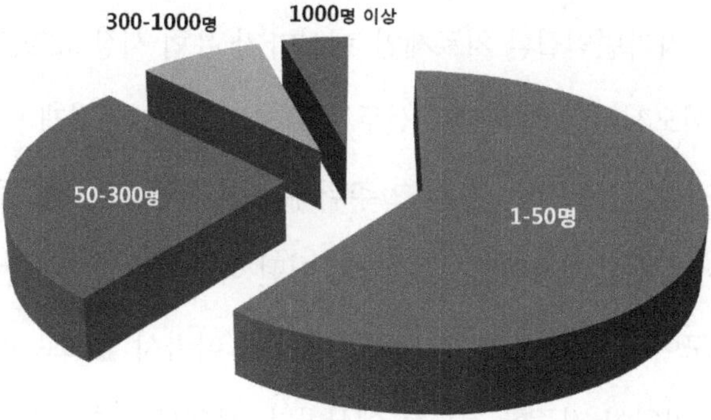

그림 4-7 **바이오산업체별 규모(근무 인원 수)(생명공학백서)**

서울, 경기, 수도권에 몰려있는 바이오산업체

바이오기업들은 서울, 경기, 대전 지역에 많다. 바이오기업 본사는 서울(40%), 경기(32%)에 위치한다. 사업장(공장)도 대부분 경기(40%), 서울(11%) 지역에 위치한다. 서울, 경기 다음으로 강원, 충북, 대전, 충남에 바이오산업체가 많다. 강원도는 바이오산업 초창기부터 춘천에 바이오공단을 유치했다. 충북은 최근 오송생명과학산업단지 등을 중심으로 바이오, 화장품에 주력하고 있다. 충남, 대전은 유성연구단지 내 생명공학원을 중심으로 바이오 벤처기업들이 입주해 있다. 인천 지역에는 삼성바이오로직스, 셀트리온 등 굵직한 대기업이 송도단지에 위치하고 있다. 이 두 산업체에서 생산하는 항체는 바이오시밀러다. 즉 최초 개발된 항체신약을 똑같이 다시 만든 복제copy 제품이다. 셀트리온의 경우 자가면역질환 치료제인 '램시마'가 유럽 시장 52%를 차지하는 등 바이오시밀러 시장에서 선두로 나서고 있다. 이렇게 어떤 지역에 바이오 대기업이 있는 경우 그 주위에는 이와 연관된 회사들이 줄줄이 들어서는 것이 보통이다. 대기업과 어떤 식으로든 관련 있는 회사들이 서로 모여 시너지 효과를 내는 전략이다. 따라서 앞으로 인천 지역에 바이오기업이 집중할 것으로 예상한다. 무엇보다 수도권에 위치한 점이 장점이다. 대학 졸업자들이 산업체 근무 여건 중 가장 중요하게 생각하는 것이 연봉보다도 근무 장소가 수도권인가이기 때문이다.

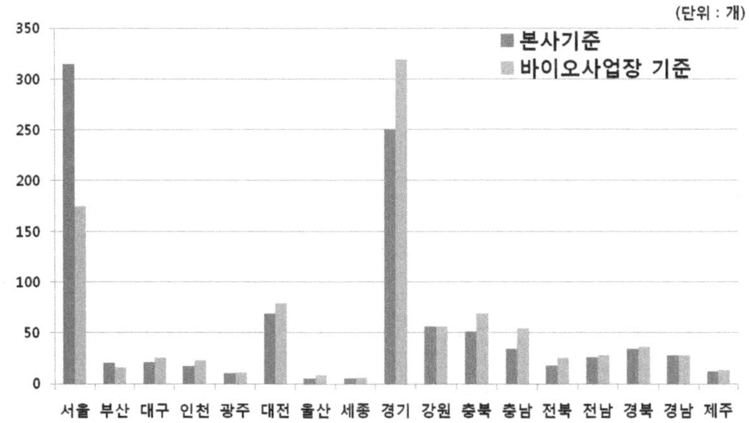

그림 4-8 **바이오사업장 소재지(생명공학백서)**

증가하고 있는 여성 인력 비율

현재 바이오 산업체 남녀 비율은 남자가 여자보다 4.5배 많다. 기존 바이오 관련 업체에 공대 계열 식품, 발효 전공 출신자 등이 많았기 때문에 그동안 취업한 여성 인력이 상대적으로 적다. 또한 대학 졸업 후 여성이 취업보다는 전업주부가 되는 경우가 많았다. 설사 취업했더라도 결혼하면서 그만두게 되는 경우가 많아서 산업체 여성 인력이 적었었다. 지금은 상황이 변했다. 공대에도 여학생이 많아졌다. 또한 바이오 학과는 여성 비율이 더 높아져서 전체 남녀 비율이 1:1이다. 석사 졸업생의 경우 매년 여학생이 10% 더 많다. 남성이 대부분을 차지하던 박사 부분도 이제는 여성이 남성의 65%다. 남학생이 군에 다녀오는 기간 동안 여학생은 대학원에서 석사를 해서 취업 시점이 더 앞설 수 있다. 실제 산업체 취업에서도 여성 취업률이 낮지 않다. 2016년 모든 대학 학사취업률은 남성 69%, 여성 66.4%로 남성이 약간 높지만 큰 차이는 나지 않는다. 바이오 분야 취업률도 이와 유사하다. 2017년 고려대 전체 학사취업률은 남 69%, 여 57%다. 생명과학대 학사취업률도 이와 유사한 남 65%, 여 53%이다. 한편 대학원 진학률은 바이오 분야가 남녀 공히 타 전공보다 높다. 생명과학대 대학원 진학률은 남 35%, 여 39%다. 이는 전체 대학원 진학률(남 21%, 여 18%)보다 1.5~2배 높은 진학률이다(그림 4-10). 요약해보자. 그동안 바이오산업체에는 여성 인력이 상대적으로 적었었다. 하지만 대학에서 여성 바이오 전공자들이 증가해서 그 비율이 1:1이다. 실제 바이오 산업 취업에서도 남녀 간에 큰 차이가 없어졌다. 이런 추세라면 앞으로 산업체에서 여성 바이오 전공자들의 비율이 더 높아질 것이다.

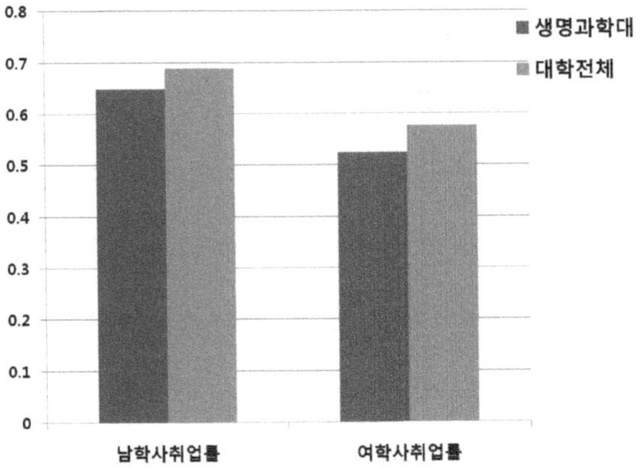

그림 4-9 **남녀 학사취업률: 고려대 생명과학대**(2017 대학알리미)

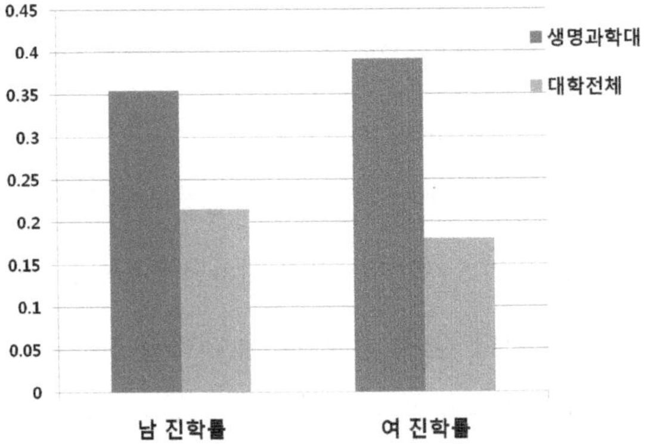

그림 4-10 **남녀 대학원 진학률: 고려대 생명과학대**(2017 대학알리미)

공공 연구기관에서도 바이오는 필수 분야

공공기관 연구소는 전문 연구기관이다. 대부분 석, 박사급 인력이 근무한다. 한국생명공학연구원은 바이오 관련 기초, 응용연구를 한다. 기업체와 밀접한 연구를 통해 상업화를 도모한다. 대부분 공공 연구기관이 쓰는 예산은 정부 지원 일부와 자체 조달한 외부 연구비다. 즉 외부 산업체나 기관에서 연구비를 수주해 와야 한다. 한국생명공학연구원은 바이오 전문기관이다. 하지만 다른 공공 연구소에서도 바이오 연구는 필수 분야다. 예를 들면 한국화학연구소에도 바이오 분야 인력이 상당히 많이 있다. 화학과 생명과학은 서로 밀접하게 연관되어있기 때문이다. 전국적으로 24개 바이오 중심 전문연구기관이 있다. 다른 분야, 예를 들면 IT 분야 연구소는 리스트에 포함시키지 않았다(표 4-2). 연구소 이외에도 각 도에는 바이오 지원 인프라 시설이 있다. 이곳에서는 그 지역에 입주한 산업체들에게 바이오 관련 장비를 대여해주고 공동으로 사용하게 한다. 주로 산자부 테크노파크 산하 기관들이다. 이곳에서도 바이오 관련 연구를 진행한다(표 4-3).

한국생명공학연구원	한국식품연구원
국립농업과학원	농림축산검역본부
한국과학기술연구원	국립수산과학원
국립축산과학원	국립산림과학원
국립원예특작과학원	한국기초과학지원연구원
국립식량과학원	식품의약품안전평가원
국립암센터	한국원자력연구원
한국원자력의학원	한국표준과학연구원
기초과학연구원	한국뇌연구원
한국한의학연구원	한국보건산업진흥원
한국화학연구원	전국 테크노파크 산하 바이오연구센터
질병관리본부	한국한방산업진흥원

표 4-2 **전국 바이오 연구기관(바이오 투자 규모별)(출처: 2014년 국가 연구개발사업 조사, 분석 보고서)**

분류	연번	센터명(소재지)	중점 분야	특화 분야
충청권	1	대전TP바이오산업지원센터	의약	생물의약, 기능성식품
	2	충북TP바이오센터(오창)	의약, 식품	의약소재, 기능성식품
	3	충북TP한방천연물센터(제천)	한방, 식품	한방제품, 한약제제
	4	충남TP바이오센터(논산)	그린, 사료	동물약품, 사료첨가제
호남권	5	천연자원연구센터(장흥)	전통, 소재	천연물소재, 기능성
	6	식품산업연구센터(나주)	전통, 식품	일반 식품
	7	생물의약연구센터(화순)	의약	백신, 세포, 유전자
	8	나노바이오연구센터(장성)	융합소재	천연물소재, 나노소재
	9	전북생물산업진흥원(전주)	전통, 식품	건강기능성식품
	10	발효미생물산업진흥원(순창)	전통, 식품	발효, 미생물
동남권	11	진주바이오산업진흥원(진주)	전통, 식품	바이오식품, 생물화학
	12	부산TP해양생물산업육성센터(부산)	해양, 식품	해양생태독성, 해양기능성식품

동남권	13	김해의생명센터(김해)	의료기기	비전자의료기기, 융합부품소재
대경권	14	대구TP바이오헬스융합센터(대구)	전통, 식품	전통생물소재, 액상식품
	15	대구TP한방산업지원센터(대구)	전통, 한방	한약재효능검증, 한방임상평가
	16	경북바이오산업연구원(안동)	전통, 식품	일반식품, 건강기능식품
	17	경북해양바이오산업연구원(울진)	해양, 식품	해양식품, 식품소재
	18	포항TP바이오정보지원센터(포항)	의약, 소재	화장품, 효능검증
강원권	19	춘천바이오산업진흥원(춘천)	의약, 소재	건강기능식품, 생물의약소재
	20	강릉과학(해양)산업진흥원(강릉)	산업, 화장품	기능성식품, 바이오화장품
제주권	21	제주TP바이오융합센터	산업, 화장품	천연소재, 향장
경기권	22	경기과학기술진흥원 바이오센터(수원)	의약	신약개발 지원

표 4-3 **지역별 바이오 인프라 시설**

국내 산업체 정보

국내에는 약 1,000여 개 바이오 관련 산업체가 있다. 바이오 관련 산업체 리스트를 한곳에 모아둔 사이트는 따로 없다. 바이오 관련 업체들은 회사별 특성에 따라 바이오협회, 제약협회, 식품협회, 화장품협회, 환경협회 등에 중복 등록한다. 한국바이오협회에는 현재 262개 기업이 등록되어있다.

PART 05

바이오 진로
준비하기

뭘 하고 싶은가를 먼저 알자

첫 번째 단추를 잘 끼워야 한다. 한참을 살다 보니 이 직업이 나에게 안 맞는다고 생각하면 심히 곤란해진다. 되돌리기엔 너무 많이 지나왔다. 첫 단추는 중, 고등학교 때다. 이때가 진로, 직업을 결정할 시기다. 왜냐하면 대학은 전공을 결정한 다음 입학하기 때문이다.

대학 전공을 결정하기 전에 할 일이 있다. 하고 싶은 일이 무엇인가를 제대로 알아야 한다. 그래야 인생의 큰 그림이 그려진다. 그래야 어떤 전공을 택하고 무슨 직업을 택할지도 안다. 정작 문제는 내가 하고 싶은 일이 무언지 콕 집어서 말하기가 힘들다는 점이다. 이는 상담하러 온 대부분의 필자 소속 대학 대학생들도 마찬가지였다. 어쩌면 대부분의 일반인들도 하고 싶은 일이 무어냐고 물으면 정확히 대답하기가 쉽지는 않을 것이다. 이제 그것을 1~2줄로 써보자. 쓸 수 있다면 인생 전체의 큰 방향이 잡혔다는 이야기다.

전문가들이 추천하는 방법은, 그리고 학생 상담 시 필자가 권하는 방식은 두 가지다. '나의 20년 후 모습'과 '내가 자랑스러웠던 일들'을 종이 한 장에 쓰는 것이다.

① 20년 후 나의 모습을 구체적으로 묘사해라

아침 7시, 졸린 눈으로 운동화를 졸라맨다. 10년째 달리는 오솔길은 하루의 시작이다. 이제 출근이다. 오늘 발표 잘하라고 아들, 딸이 응원해준다. 회사에서 나온 운전기사 덕에 뒷좌석에 편히 기댄다. 회사 브리핑을 연습한다. 오늘은 전체 임원회의에서 내 프로젝트 결과를 설명하는 날이다. 신규 항암제 개발 건이다. 이 연구가 성공하면 회사는 세계 10대 제약회사가 된다. 그동안 함께 일하던 동료들의 도움 덕에 마지막 임상이 통과했다. 회사가 버는 돈 10%를 연구자들에게 인센티브로 주기로 했던 연구 과제다. 무려 20억이다. 그중 10%인 2억은 소녀가장 지원 사업에 기부하기로 동료 연구자들과 이미 이야기되어있다. 더불어 한 달간 휴가가 보너스로 주어진다. 이날을 기다리던 가족들과 스위스 여행을 할 생각이다.

이 글은 필자가 근무하는 대학 생명공학과 2학년이 쓴 '나의 20년 후 모습'이다. 필자와 면담을 마친 대학생들은 모두 '나의 20년 후'를 썼다. 그러고는 나름대로 뿌듯해했다. 상상 속 이야기지만 내가 하고 싶은 일이 정리되는 기분이라는 점에서는 모두 공통이었다. 그 이후로 면담

할 때는 일부러 이 글에 대한 이야기를 하도록 한다. 이 글에 대한 이야기를 하면 기분이 좋아진다고 했다. 뭔가 하고 싶은 일이 생긴다고도 했다. 무엇보다 내가 뭘 하고 싶은지를 구체적으로 알 수 있다고 했다. 단, 주의할 점이 있다. 반드시 글로 남겨야 한다. 그리고 그 내용을 남에게 이야기할 수 있는 기회를 만들어야 한다.

② 자랑스러웠던 일을 10개 적어라

두 번째 방법은 살면서 즐거웠던 일, 자랑스러웠던 사건을 줄줄이 적는 방법이다. 10개는 누구나 쓸 수 있다. 예를 들면 밤새워 로봇을 조립했던 어릴 적 일이 기억에 남을 수 있다. 다음 날 보니 내가 로봇을 만들었다는 점이 너무 자랑스러웠다면 그 일을 써라. 이렇게 10개를 쓰면 내가 하고 싶은 일, 즉 내 진로나 직업이 자연스레 보인다. 필자의 경우는 고등학교 때 노트에 사자성어를 100개 썼던 일이 생각난다. 숙제로 10개를 쓰라 했는데 재미가 있었다. 그래서 100개를 쉬지 않고 써 내려갔다. 그것도 모자라 사자성어가 생긴 역사적 배경까지 줄줄이 찾아보기 시작했다. 사자성어에 '필feel'이 꽂힌 것이다. 언어에 관련된 일을 좋아했다는 이야기다. 당시는 몰랐지만 그 뒤로 글 쓰는 일이 좋아졌다. 지금 생명공학에 관련된 글쓰기를 일로 삼고 있는 이유다.

③ 내 인생 목표를 1~2줄로 써라

위 두 가지 방법으로 내가 좋아하고 잘하는 일이 무엇인지 대략은 알 수 있다. 이것을 기반으로 내 인생 항로의 큰 그림을 그릴 수 있다. 막연한 생각은 금방 날아간다. 날아가기 전에 구체적인 글씨로 써놓자. 예를 들면 "나는 생명공학 연구자가 되어 벤처회사를 차려 암 치료제를 만든다. 번 돈 50%는 아프리카에 보낼 것이다"처럼 말이다. 이 2문장의 글 속에 본인 진로, 직업. 인생관이 모두 들어있다. 이 2문장을 다시 보자. 진로는 생명공학 분야, 직업은 벤처기업 연구자 CEO, 인생관은 타인 돕기다. 이 2문장으로 인생의 3가지 중요한 선택, 즉 배우자, 직업, 인생관 중 2개는 확실히 정했다는 이야기다. 이 정도만 큰 그림을 그린다면 대성공이다.

다양한 경험을 하면 내 진로를 알 수 있다

내가 잘했던 일, 자랑스러웠던 일이 내 미래 직업이 될 가능성이 많다. 그러려면 해본 일이 많아야 한다. 다양한 경험을 해보아라. 어떤 것이 내 적성에 맞는 일인지를 알려면 이런저런 경험을 해야 한다. 학교에서, 가족끼리, 친구들과, 아니면 개인적으로 할 수 있는 일을 모두 찾아 해보아라. 해보고 안 해보고 차이는 하늘과 땅 차이이다. 필자는 대학 시절 우연히 어떤 과학 프로젝트에 참여하게 되었다. 학교 내 연못에 있는 오염물질을 제거하는 일이었다. 대학 전공과는 거리가 멀었지만 이 일로 내 눈은 넓어졌다. 대학 졸업 후 환경생명공학 관련 회사에 입사하게 된 동기다. 중고생 때는 학교 공부를 하느라고 바빠서 다양한 일을 하기가 쉽지 않을 것이다. 하지만 욕심을 내라. 학교 내 동아리에 일부러 참여해서 활동 범위를 넓혀보아라. 부모님들과 가볼 수 있는 곳이면 다 가보아라. 할 수 있는 경험은 청소부라도 해보아라. 나중에 두고두고 도움이 된다. 무엇보다 내가 잘하고 좋아하는 일이 무엇인지 알 수 있게 된다.

중고교 시절 정한 전공 분야는 비교적 넓다. 구체적이지는 않다. 넓었던 분야는 대학 생활을 거치면서 좀 더 세분화되고 구체화된다. 대학에서는 대략 전공 분야만 정해지는 셈이다. 생명공학 전공으로 대학을 입학했다 해도 어떤 직업을 택할 것인가, 구체적으로 무슨 일을 할 것인가는 정해지지 않는다. 대학 때도 많은 경험을 해야 하는 이유다. 그것이 여행일 수도, 회사 인턴이거나 편의점 아르바이트일 수도 있다. 다양한 경험은 길게 보면 평생 계속 해야 할 일이다. 회사에 들어갔다고 거기가 끝이 아니기 때문이다. 회사에서도 또 방향을 다시 잡아야 한다. 대학교수도 경험이 많으면 할 수 있는 일이 대폭 늘어난다. 연구자라면 다른 분야 경험은 독특한 연구 결과를 낼 수 있는 절호의 기회다. 생명공학을 전공하는 연구자가 만약 우연히 선박을 만드는 현장에서 한 달 인턴을 했다 하자. 본인 연구 분야가 인공광합성이었다면 그 연구자는 대형 유조선 옆면에 광합성 식물을 배양하는 방법으로 특허를 낼 수 있을지 모른다. 본인이 직접 할 수 있는 시간이 없다면 타 분야 지식을 간접경험으로 접해라. 책도 좋고 다큐멘터리 시청도 좋다. 이제 세상은 모든 것이 융합된다. 넓게 알고 깊게 파라.

그 분야 활동을 직접 하면 꿈이 튼튼해진다

만약 내 인생 큰 그림을 중학교 때 정했다면 무슨 일을 해야 그 꿈이 이루어질까? 정답은 그 분야 활동을 중, 고등학교 때 해야 한다는 것이다. 예를 들어보자. 산악자전거가 재미있고 내가 할만한 일이라 생각했다 하자. 그런 마음이 들었다면 뭔가 행동에 옮겨야 한다. 우선 산악자전거를 산다. 그다음 반드시 해야 할 일은 산악자전거 동호회에 가입하는 일이다. 그래야 같이 산에 자전거를 타러 갈 수 있다. 혼자서라도 물론 잘할 수 있을 것이다. 하지만 한두 번 타보고는 대부분 집 안 한구석에 처박아놓는다. 본인이 홀로 해보는 것보다 친구들과 어울려 해본다면 그것이 최고다. 만약 산악자전거 동호회 동료들과 오솔길 사이를 자전거로 요리조리 내려오는 기쁨을 맛보았다 하자. 얼마 지나지 않아 산악자전거 전문가가 되어있는 자신을 발견할 것이다. 전공 분야도 마찬가지다. 같이 어울려 연구하고 만들면 거기에 푹 빠지게 된다.

중고등학생이라면 학교 과학 동아리에 적극 참여하거나 학교 내 경진대회에 무조건 참가하는 것이다. 떡도 먹어본 놈이 맛을 안다. 잘 모르던 것을 알게 되고 직접 손으로 만져보면 머리와 가슴에 깊게 새겨진다. 꿈이 튼튼해지고 중간에 방황하지 않는다. 과학 시간이 기다려진다. 요즘 중고교에는 각종 이벤트 기회도 많다. 자율학습 교시도, 자율학습 학기도 있다. 일부러 생명공학 관련 일을 찾아서 해보아라. 대학에서도 마찬가지다. 생명공학과에 들어온 학생 중에서는 스스로 이 분야 활동을 찾아서 하는 학생이 있다. 즉 대학원 프로젝트에 같이 참여하거나 회사 현장실습을 찾아서 하고 동아리 활동도 한다. 왜 일부러 그런 활동을 해야 할까? 답은 간단하다. 혼자서는 금방 지치고 진도가 안 나가기 때문이다. 몸에 익히고 경험한 내용은 단순히 마음먹은 것보다 훨씬 더 머리와 가슴에 박힌다. 전공 관련 경험을 많이 해보자.

해외 유학은 장단점이 있다

국내에서 공부할까, 해외로 나가볼까? 해외 유학은 소요 경비가 만만치 않다. 가족과 떨어져 지내야 한다는 점도 큰 부담이다. 설사 외국에서 학위를 끝내고 국내로 들어온다 해도 자리를 구하기가 쉽지 않다. 여러 가지 고민되는 점이 많은 것이 해외 유학이다.

그럼에도 불구하고 해외 유학을 하는 가장 큰 이유는 글로벌 여건에 익숙해진다는 것이다. 즉 외국 회사에서 일하고 외국 연구자나 외국 회사와 소통하는 것이 부담스럽지 않아진다. 21세기는 글로벌 시대다. 규모 있는 회사나 발전하고 싶은 회사는 당연히 해외로 진출한다. 국내 수요만으로는 시장이 너무 작기 때문이다. 국내 회사에서는 글로벌 소통 능력이 있는 사람을 당연히 좋아한다.

해외 유학은 시작 시기에 따라 중고교, 대학, 대학원 유학으로 나뉜다. 어릴 때부터 해외로 유학시키는 이유는 특기나 외국어 능력 향상, 공교육 불만, 과다한 국내 사교육비 등이 원인이다. 하지만 조기 유학은 큰 폭으로 감소해서 최근 8년 동안 1/8로 줄었다. 현지에 적응하지 못해서 탈선하거나, 돈이 많이 들어 포기하기 때문이다. 무엇보다 가족이 뿔뿔이 흩어져 사는 것이 문제다. 그렇다면 국내에서 학사 졸업 후 외국 대학에서 박사를 하는 경우는 어떨까? 국내 박사 학위 소지자 중 외국 박사는 4~5%(2013 기준)이며 연도별로 조금씩 감소하는 추세이다. 즉 국내 박사가 많아지는 편이다.

생명공학 분야는 국내에서도 대학원 진학률이 높은 분야다. 국내 신규 박사 학위 취득자는 2.8%(2005)에서 껑충 뛰어 6.9%(2015)까지 늘어났다. 국내 박사가 증가하는 현상은 일본 대학도 마찬가지다. 만일 외국 유학으로 대학까지 나오고 생명공학을 전공하고 싶다면 대학원까지 나와야 경쟁력이 있다. 외국인 신분임을 고려한다면 석사보다는 박사가 전문성을 인정받는다. 외국에서는 회사건 대학이건 박사 학위가 절대적으로 필요하다. 외국 대학에서 석, 박사에 소요되는 시간은 한국과 비슷하다.

① 박사후 경력이 중요하다

외국 박사 학위 취득 후 한국에 직장을 잡는 경로는 다양하다. 이때는 특히 '박사후 경력Post-doc'이 중요하다. 국내 기업체나 대학, 공공 연구소에서는 외국 기관, 산업체에서의 근무 경력(박사후 경력)을 우대한다. 대학교수의 경우 박사 학위 대학, 경력 기관, 특히 좋은 논문을 얼마나 많이 발표했는가가 채용 시 객관적 평가 자료다. 산업체 경력까지 있다면 금상첨화다. 대학교수라 해도 외국 산업체 근무 경험은 국내 취업 이후 연구 및 교육에도 많은 도움이 되기 때문이다.

외국에서 공부를 하는 이유는 최신 기술을 더 많이 배울 수 있고 글로벌 경쟁력, 즉 국내만이 아닌 세계에서 일할 능력과 기회가 많아진다는 것이다. 생명공학 분야는 이공계 중에서 '핫Hot' 분야다. 즉 연구가 급진전하고 있고 산업체도 급성장 중이다. 그만큼 해외 유학 경험이 많은 도움이 된다. 국내 대학 바이오 관련 학과는 해외 박사 비중이 높다. 서울대 자연대학 생명과학부 교수 49명 중 외국 대학 박사 학위를 소지한 교수는 74%다. 해외 박사의 경우 미국 대학이 83%다. 하지만 전반적으로 국내 박사가 교수로 임용되는 비율이 조금씩 높아지고 있다. 최근 10년간 교수 임용 현황을 보면 모든 학과에서 외국 박사 교수 임용은 2009년 44.1%를 차지한 뒤 2014년 18.8%까지 떨어졌다. 외국 박사에 비해 상대적으로 국내 박사가 많아진 셈이다. 외국 박사 비율이 줄어든 것은 국내 거주보다는 외국 체류가 수입, 연구, 생활 면에서 월등히 좋기 때문이다. 최근 국내 대학들이 계약직으로 신임 교수를 채용하는 것도 외국 박사 비율이 줄어든 한 가지 이유다. 즉 직장이 계속 보장되는 것이 아니라 계약직 형태가 되기 때문이다. 장기적으로 안정된 직장이 교수였고 그 때문에 수입이 적어도 대학으로 가는 것인데, 국내에서는 그게 없어지기 시작한 것이다. 현재 외국 박사들이 국내에 돌아오는 경우는 50% 미만이다. 왜 귀국하는 비율이 적을까? 외국 체류를 선호한다는 이유도 있다. 또 다른 요인으로는 박사들 연구 능력이 높아져 이공계 교수 중 국내 박사 채용 비율이 늘어난 것도 이유다. 즉 국내 대학 연구 능력, 시설도 웬만한 외국 대학에 뒤지지 않는다는 점이다.

국내 박사의 경우 박사 취득 후 두 가지 방향으로 진로를 잡는다. 첫째, 바로 취업을 하는 경우다. 대부분 산업체나 공공기관 연구소에 직장을 찾는다. 두 번째는 외국으로 박사후 과정을 나가는 경우다. 보통 1~3년 기간 동안 외국 대학이나 연구소, 드물게는 산업체로 나가서 경력을 쌓는다. 이후 국내 산업체나 공공 연구소 혹은 대학으로 자리를 찾아 돌아온다.

② 여러 경로로 병역을 해결한다

조기 유학이 아니고 국내에서 대학을 졸업하고 박사를 해서 대학교수가 되려는 경우 어떤 경로가 좋을까? 여학생의 경우 군대 문제가 없어서 덜 복잡하다. 남학생의 경우 군대 문제를 어떻게 해결할까에 따라 경로가 달라진다. 우선 군대를 갈 것인가 말 것인가다. 군대에 발목 잡혀서 잡았던 계획이 흐트러지고 해결될 때까지 노심초사하기 싫다면 일찍 다녀오는 것이 좋다. 군대는 대학 1학년이 끝나고 가는 것이 보통이다. 군대는 갈만할까? 예전처럼 두들겨 패는 곳은 아니다. PC로 대학 강의도 듣는다. 주말이면 외부 강사가 테니스도 가르친다. 더구나 2년간 몇십 명이 같이 밥 먹고 지내는 경험은 돈 주고도 못 사는 중요한 사회 경험이다. 이 경험은 연구자이건 교육자이건 비즈니스맨이건 모두에게 중요한 자산이다. 연구는 머리로만 되는 것이 아니라 다른 사람의 도움이 절실한 '협동'이 요구되기 때문이다. 만약 군대에서 뭔가 더 얻고 싶다면 사병보다는 장교 경험도 좋다. 리더십을 키울 수 있다. 교수건 회사 CEO건 모두 리더십이 필수이기 때문이다.

군대를 가고 싶지 않다면 병역특례(전문연구요원) 제도가 있다. 석사나 박사 취득 후 3년간 기업체나 기관에 복무하는 제도다. 따라서 국내에서든 국외에서든 박사 과정을 하고 대학이나 공공기관에 자리를 잡고 싶다면 다음 3가지 경로가 있다.

(a) 대학 입학 후 – 군 입대 – 대학 졸업 – 외국 석, 박사

(b) 대학 졸업 – 국내 석사, 국내 박사 – 병역특례

(c) 대학 졸업 – 국내 석사 – 병역특례 – 해외 박사

(a)는 전형적인 외국 박사의 경우다. 군대 문제를 일찍 해결해서 최대한 빨리 외국 유학을 할 수 있다. 다만 국내에서 대학만을 졸업해서 국내 연구 인력들과 네트워크가 적을 수 있다. 또한 외국 유학 준비를 홀로 해야 하는 어려움이 있다. 국내에서 석사를 할 경우 이 문제가 해소된다. 즉 같은 분야 사람들을 사귈 수 있는 장점이 있다. 또한 대학원에는 유학하려는 사람들이 많아 TOEFL, GRE 등 필요한 정보를 공유할 수 있다. 다만 해외에서는 국내 석사를 인정하지 않는 경우가 있어 학업 기간이 더 소요될 수 있다. (b)의 경우 국내 대학에는 석, 박사 통합 과정이 있어 박사까지 시간이 절약된다. 국내 박사만을 할 경우 산업체로 취업할 가능성이 많다. 만약 대학교수를 염두에 둔다면 박사후 과정을 외국에서 하는 것이 좋다. 이 경로는 국내 박사 과정을 하면서 국내 연구자들과 네트워크도 생기고 박사후 과정으로 해외 경험도 있어 유리하다. (c)의 경우 석사, 박사를 따로 하기 때문에 시간이 좀 더 걸린다. 외국 대학에서 석사 혹은 1년간을 박사 전에 요구하는 곳이

많기 때문이다. 장점은 국내에서 같은 분야 사람을 알 기회(네트워크)가 생긴다는 것이다. 여학생의 경우 대학 졸업 후 국내 석, 박사인가 아니면 외국 유학인가를 결정하면 된다. 국내 석사를 하고 외국 유학을 하는 것도 좋은 방법이다. 대학원이 어떤 곳인지, 해당 교수들은 누가 있는지 등을 알면 추후 연구 및 직장 선택에 많은 도움이 된다. 어떤 경로를 택할지는 순전히 본인이 결정할 사항이다.

전파과학사에서는 독자 여러분의 책에 관한 아이디어와 원고 투고를 기다리고 있습니다. 전파과학사의 임프린트 디아스포라 출판사는 종교(기독교), 경제 · 경영서, 문학, 건강, 취미 등 다양한 장르의 국내 저자와 해외 번역서를 준비하고 있습니다. 출간을 고민하고 계신 분들은 이메일 chonpa2@hanmail.net로 간단한 개요와 취지, 연락처 등을 적어 보내주세요.

미래의 최고 직업
바이오가 답이다

1판 1쇄 찍음 | 2019년 2월 1일
1판 1쇄 펴냄 | 2019년 2월 11일

지은이 | 김은기
펴낸이 | 손영일
편집 | 박은지
디자인 | 기민주

펴낸곳 | 전파과학사
출판등록 | 1956년 7월 23일 제10-89호
주소 | 서울시 서대문구 증가로 18(연희빌딩), 204호
전화 | 02-333-8877(8855)
FAX | 02-334-8092
E-mail | chonpa2@hanmail.net
홈페이지 | www.s-wave.co.kr
공식블로그 | http://blog.naver.com/siencia

ISBN | 978-89-7044-856-5(03400)

이 도서의 국립중앙도서관 출판예정도서목록(CIP)은 서지정보유통지원시스템 홈페이지(http://seoji.nl.go.kr)와 국가자료종합목록시스템(http://www.nl.go.kr/kolisnet)에서 이용하실 수 있습니다. (CIP제어번호 : CIP2019002266)